THE MEDIA PAVILION

Art and Architecture in the Age of Cyberspace

Editor Peter Weibel

Springer-Verlag Wien New York

DIE SPONSOREN

ECKELT GLAS (Projekt Schlegel), Steyr

FRITSCH STIASSNY GLASTECHNIK (Projekt Schlegel), Wien

HANDELSKAMMER STEIERMARK (Projekt Kriesche), Graz

IBM Österreich (Projekt Kriesche), Wien

ILBAU Bauholding (Projekt Coop Himmelb(l)au), Spital/Drau

JOANNEUM RESEARCH (Projekt Kriesche), Graz

KNAPP LOGISTIK AUTOMATION (Projekt Kriesche), Graz

KULTURAMT DER STADT GRAZ (Projekt Kriesche), Graz

KULTURAMT DER TIROLER LANDESREGIERUNG (Projekt Sandbichler/ Ruhm), Innsbruck

LAND STEIERMARK (Projekt Kriesche), Graz

STEIERMÄRKISCHE BANK UND SPARKASSEN AG (Projekt Kriesche), Graz

METALLBAU TREIBER KG (Projekt Coop Himmelb(l)au), Graz

MULTIVERSUM (Projekt Ruhm/Sandbichler), Hamburg

SILICON GRAPHICS (Projekt Ruhm/Sandbichler/Schnell), Wien

WOOD TRADING AGENCY (Projekt Ruhm/Sandbichler), Kundl

DER PAVILLON DER MEDIEN

Eine neue Gleichung zwischen Kunst und Architektur

COOP HIMMELB(L)AU
WOLF D. PRIX, HELMUT SWICZINSKY

PETER KOGLER

RICHARD KRIESCHE

CONSTANZE RUHM / PETER SANDBICHLER

EVA SCHLEGEL

RUTH SCHNELL

Österreichs Beitrag zur 46. Biennale di Venezia 1995

1895 1995

Centenario

Die österreichische Ausstellung im Rahmen der Biennale von Venedig 1995 wird vom Bundesministerium für Wissenschaft, Forschung und Kunst, BM Dr. Rudolf Scholten, veranstaltet.

Kommissär: Prof. Peter Weibel

The Austrian exhibition for the Biennale of Venice 1995 is organized by the Austrian Federal Ministry of Science, Research and the Arts, Minister Dr. Rudolf Scholten.

Commissioner: Prof. Peter Weibel

Herausgeber: Peter Weibel

Organisation: Ulrike Rieger

Produktionskoordination: Claudia Cavallar,
Organisation Venedig: Carlo Palazzolo, Elena Zoppi

Konzept des Kataloges: Loys Egg, Peter Weibel

Cover: Loys & Daniel Egg mit dem Pavillon-Modell von Coop Himmelb(l)au

Graphik: Loys & Daniel Egg, Coop Himmelb(l)au, Peter Kogler, Richard Kriesche, Constanze Ruhm, Peter Sandbichler, Andreas Scharf, Eva Schlegel, Ruth Schnell, Peter Weibel

Fotografie: Markus Pillhofer (Projekt Coop Himmelb(l)au), Wolfgang Woesner (Projekt Schlegel), Peter Sandbichler (Projekt Kogler), Angelika Krinzinger (Projekt Schlegel), Christian Schoppe/Kay Fricke (Projekt Sandbichler/Ruhm), Kike Garcia Roldan (Projekt Schnell), Arye Wachsmuth (Projekt Schnell)

Korrekturlesen: Sabine Dreher

Übersetzungen: M. Nievoll, M. Stenech, C. Travlos, C. Nielsen, E. Vanghelof

Für den Inhalt verantwortlich: Peter Weibel

Printed in Austria

Reproduktion und Druck: Druckhaus Grasl, A-2540 Bad Vöslau
Gedruckt auf säurefreiem, chlorfrei gebleichtem Papier – TCF

Mit zahlreichen, zum Teil farbigen Abbildungen

ISBN 3-211-82722-6 Springer-Verlag Wien New York

SPECIAL THANKS TO

Heinz Baburek
Barco
Gottfried Bauer
Margherita Boschin
Ricardo López Cencerrado
Comune di Venezia
Francesco Corrà
Roberto De Carli
Sabine Dreher
Dogl-Cherkoori
Elisabeth Fiege
Karl Freudelsperger
Michael Gsell
Andreas György
Wernfried Haas
Heinz Haring
Peter Hoffmann
Adolf Holubowsky
Gottfried Horneck
Michaela Höbel
Michael Huber
Institut für Neue Medien, Ffm.
Romana Kacic
Giselher Kauder
Spallo Kolb
Johannes Koren
Josef Krainer
Karl Krieger
Ursula Krinzinger
Giovanni Marchi
Harald Mayer
Christian Nagel
Gerhard Neurohr
Silvia Obermoser
Dietmar Pascher
Johannes Porsch
Gerhard Reichenauer
Kike García Roldán
Franz Karl Ruhm
Bruno Sandbichler
Thomas Sandbichler
Andreas Scharf
Petra und Ralph Schilcher
Veronika Schnell
Camilla Seibezzi
Christa Steinle
Helmut Strobl
Tristan Thönissen
Lothar Tirala
Daniela Treiber
Arye Wachsmuth
Eduard Wünscher
Klaus Zlöbl

VORWORT

Das diesjährige Thema der 46. Biennale von Venedig „Identität und Alterität" hat eigentlich Österreichs Beitrag schon vor zwei Jahren behandelt. 1993 habe ich als Kommissär Österreichs zwei VertreterInnen anderer Nationen eingeladen, zusammen mit einem österreichischen Künstler, Österreich im nationalen Pavillon zu repräsentieren. Damit habe ich nicht nur die nationale Identität in der Kunst in Frage gestellt und entsprechende wütende Proteste und Diffamierungen in der österreichischen Kunstsszene geerntet, sondern auch die (künstlerische) Legitimität der Biennale von Venedig selbst kritisiert, die seit ihrer Gründung 1895 als kultureller Wettbewerb zwischen Nationen fungiert (1). Das Konzept der nationalen Identität der Biennale erschien mir 1993 schon obsolet, umso mehr heute 1995, da das Thema der Identität konservativ körperbezogen abgehandelt wird statt sozial-politisch wie 1993 im deutschen, österreichischen und ungarischen Pavillon. Identität und Alterität theoretisch auf den Körper und beide wiederum auf das Menschenbild zu beziehen, also tendenziell biologisch zu begründen statt als soziale und kulturelle Konstruktion, ist schlichtweg reaktionär. In den Horizont dieses Konservativismus fällt auch die Absage der „Aperto".

Diesmal soll die nationale Identität Österreichs von innen befragt werden, vom Standpunkt der kulturellen Produktion her, von der aus Österreich selbst bestimmte Kunstformen vertreibt, ausschließt, ausgrenzt oder marginalisiert, weil es diese mit seiner nationalen kulturellen Identität, die von Jugendstil und Expressivität dominiert wird, als nicht verträglich empfindet. Wenn gefragt wird, welche Kunstdisziplinen in Österreich nach 1945 Beiträge von Weltgeltung hervorgebracht haben, so sind neben dem Aktionismus (diesen kunsthistorischen Begriff führte ich 1969 ein) vor allem die Architektur und die Medienkunst zu nennen. Von Hans Hollein bis Helmut Richter und von Peter Kubelka bis Valie Export hat die österreichische Architektur- und Medienszene (Fotografie, Film, Video, Computer) immer wieder KünsterInnen von internationalem Rang generiert. So sehr aber österreichische Aktionskunst, visionäre Architektur und Medienkunst im Ausland anerkannt und in die Kunstgeschichte eingeschrieben sind, so umstritten sind sie zum Teil immer noch im Inland. Sie bilden sozusagen das Ausland im österreichischen Kulturleben. Man muß in Erinnerung rufen, daß die Coop Himmelb(l)au in Österreich kaum gebaut haben und daß die Protagonisten der österreichischen Medienkunst kaum in österreichischen Museen und Galerien vertreten sind, obwohl sie im Ausland großes Ansehen genießen. Indem Kunstformen, die in Österreich verdrängt, unterdrückt, marginalisiert werden, in Venedig als Repräsentanten des offiziellen Österreichs auf der Bühne eines internationalen Wettbewerbs gezeigt werden, handelt es sich wiederum um eine Provokation des österreichischen Selbstverständnisses, um eine Kritik der nationalen Identität Österreichs, in diesem Fall insbesondere seiner kulturellen nationalen Identität. Ich zeige sozusagen kulturelle Ausländer mit einem österreichischen Paß (2).

Gerade jetzt lief in der Wiener Kunsthalle (24.2.-16.4.1995) unter dem bezeichnenden Titel „Visionäre und Vertriebene" eine Ausstellung über die (meist) zwangsemigrierte Architektur der Zwischenkriegszeit, von Josef Frank, Friedrich Kiesler, Paul Theodore Frankl bis Richard J. Neutra, Rudolph M. Schindler, welche u.a. die Basis für den österreichischen Architektur-Aufschwung der 60er Jahre bildete. Wenn wir an diese international erfolgreiche utopische Architekturbewegung Österreichs denken, erkennen wir, daß die Entfaltung einer progressiven Architekur zwar in der Ersten Republik durch die Zäsur des Austro-Faschismus und Nationalsozialismus abgebrochen und in der Zweiten Republik durch das postfaschistische Trauma (die Kontinuität des Austrofaschismus und Nationalsozialismus in den 50er und 60er Jahren) behindert worden ist, daß sich diese aber dennoch zu einem wesentlichen Merkmal der Zweiten Republik entwickelt hat. Das gleiche gilt für die Medienkunst. In der Ersten Republik wurden durch österreichische Mathematiker und Philosophen, von Kurt Gödel bis zu Ludwig Wittgenstein, die geistigen Grundlagen der gegenwärtigen Computerkultur mitgestaltet. Durch Künstler und Schriftsteller der Zweiten Republik, die auf diese und andere kulturhistorische Voraussetzungen (z.B. Ernst Mach) zurückgriffen, gab es in

PREFACE

This year's theme of the 46th Biennale of Venice „Identity and Alterity" was actually the focus of the Austrian contribution two years ago (1). This time the Austrian national identity is to be questioned from within, from the standpoint of the cultural production on the basis of which Austria itself banishes, ostracises, excludes or marginalises certain forms of art feeling them to be incompatible with its national cultural identity that is dominated by Art Nouveau and expressiveness. If the question is posed as to which disciplines of art Austria brought forth contributions of international standing following 1945, alongside Aktionismus (which term I introduced in 1969) particular mention should also be made of architecture and media art. The Austrian architecture and media scenes (photography, film, video, computer) have repeatedly generated artists of international renown from Hans Hollein to Helmut Richter, from Peter Kubelka to Valie Export. But however high the international regard of Austrian action painting and performance art, visionary architecture and media art, and in spite of the fact that they are recorded in the annals of art history, they are still subject to some dispute in Austria itself. They represent, as it were, the foreign nations within Austrian cultural life. We need only call to mind the fact that Coop Himmelb(l)au has scarcely done any building in Austria and that the protagonists of Austrian media art are seldom if ever displayed in Austrian museums and galleries although they enjoy international repute abroad. Presenting art forms in Venice, repressed, oppressed and marginalised in Austria, as the official representatives of Austria on the stage of an international competition constitutes a renewed provocation of the way Austria sees itself, its national identity and, in this particular case, above all its cultural national identity. I am showing cultural foreigners, as it were, with an Austrian passport (2).

There has just been an exhibition showing at the Wiener Kunsthalle (24.2 - 16.4. 1995) with the indicative title „Visionaries and Exiles", an exhibition focusing on the (mostly) forced emigration of architects during the period between the wars such as Josef Frank, Friedrich Kiesler, Paul Theodore Frankl, Richard J. Neutra, Rudolf M. Schindler all responsible for creating the basis for the upswing of Austrian architecture in the sixties. Calling to mind this internationally successful utopian architecture movement in Austria, we perceive that although the evolution of progressive architecture was arrested in the First Republic due to the fissure of Austro-Fasism and National Socialism and further impaired by the post-Fascist trauma in the Second Republic (the continuity of Austro-Fascism and National Socialism in the fifties and sixties), it did come to be a substantial feature of the Second Republic. The same applies to media art. In the First Republic Austrian mathematicians and philosophers from Kurt Gödel to Ludwig Wittgenstein helped lay the intellectual foundation for today's computer culture. In the sixties, artists and authors in the Second Republic falling back upon various historico-cultural premises (e.g. Ernst Mach) gave rise to quite notable signs of a technological philosophy or art that actually anticipated some great deal of that which was to emerge in America some 20 years later. Oswald Wiener's Bio-Adapter (1966), for instance, is an augury of the data suit of virtual reality and Alfons Schilling's binocular optical devices (1973) were a foresight of the current frenzy all around computer generated 3-D images (stereograms). Hence, regards the evolution of the idea, the link-up between advanced utopian architecture and electronic

den 60er Jahren bedeutende Ansätze für eine technologische Philosophie bzw. Kunst, die zum Teil vieles antizipierte, was 20 Jahre später in Amerika realisiert wurde. Zum Beispiel nimmt Oswald Wieners Bio-Adapter (1966) den Datenanzug der Virtual Reality vorweg und Alfons Schillings binokuläre Sehgeräte (1973) haben den jetzigen Taumel der computergenerierten 3-D-Bilder (Stereogramme) antizipiert. Die Vernetzung von avancierter utopischer Architektur und elektronischen Medien ist also ideengeschichtlich als wesentliches Momentum der Zweiten Republik begründbar. Insoferne ist es wichtig, Österreich nicht nur als multi-ethnisches Land darzustellen, wie es bei der vorherigen Biennale geschah, sondern auch als ein Land mit technischen und philosophischen Visionen jenseits der Expressivität, als einen modernen Industriestaat.

Ich habe VertreterInnen dreier künstlerischer Generationen gewählt: eine ältere, eine jüngere und eine mittlere, die am stärksten vertreten ist. Die nominierten KünstlerInnen sind typischerweise über Österreichs Grenzen hinaus bekannter als im Inland: Richard Kriesche hat 1970 an der Biennale von Venedig, 1977 an der Docu-menta VI und 1987 an der Documenta VIII teilgenommen, Peter Kogler 1986 an der Aperto der Biennale von Venedig, 1992 an der Documenta IX. Eva Schlegel war 1990 bei der Aperto der Biennale von Venedig, 1988 und 1992 bei der Biennale in Sydney vertreten. Ruth Schnell war ebenfalls 1990 bei der Aperto der Biennale von Venedig, 1991 bei der ARTEC in Nagoya (Japan) und bei der 4. internationalen Video Biennale Fukui (Japan). Coop Himmelb(l)au (Wolf D. Prix, Helmut Swiczinsky) sind Gewinner zahlreicher internationaler Architekturwettbewerbe und insbesondere durch ihren temporären Pavillon „Video Clip Folly" für Musikvideos (1990), ihren Museums-Anbau in Groningen (1993) und als Teilnehmer der legendären Ausstellung „Deconstructivist Architecture" im Museum of Modern Art in New York (1988) bekannt.

Unsere Wahl fiel aber auf die Architektur- und Medienszene nicht allein, um in Österreich umstrittene, vernachlässigte künstlerische Positionen zu unterstützen, und nicht nur, weil es dort bereits international anerkannte Leistungen gibt, sondern vor allem wegen des inneren kunsthistorischen und sachlich kunstimmanenten Problem-Zusammenhangs zwischen Baukunst und Bildkunst, der in Österreich schon immer intensiv gepflegt wurde. Man erinnere sich nur an die Kooperationen der Wiener Werkstätte. Die Beziehung von Architektur und Kunst ist bisher über das Medium der Malerei auf höchstem Niveau definiert worden. In der Raumgestaltung nimmt die Architektur Bezug auf das Bild und die Malerei nimmt in ihrer Flächengestaltung Bezug auf den Raum. Unser Ansatz ist nun, den Paragone-Streit zwischen Architektur und Kunst aktuell zu thematisieren und eine neue Gleichung zwischen Kunst und Architektur herzustellen. Der klassische Bildbegriff ist durch die interaktiven Computerinstallationen radikal transformiert worden, ebenso wie der klassische Raumbegriff durch die dekonstruktivistische Architektur. Letztere beginnt „jenseits des Raumes" (Coop Himmelb(l)au), erstere beginnt jenseits des statischen Bildes. Es geht also primär um eine neue Beziehung zwischen Bild und Raum und erst sekundär um Medienkunst und Architektur. Allerdings eignen sich die Korrelationen zwischen der antigravitationellen Architektur und den interaktiven Bildwelten der technischen Medien bestens dafür, diese neuen Möglichkeiten der Vernetzung von Bildkunst und Baukunst zu zeigen. Coop-Architektur und Cyberspace bilden gemeinsam variable Zonen der Visibilität, ein dynamisches System und korrespondieren auch mit den variablen Positionen des Subjekts in den virtuellen Realitäten.

Der Österreich-Pavillon mit seiner Vernetzung von diversen Formen des öffentlichen Raumes, nämlich dem der Architektur und dem der elektronischen Medien, reagiert auch auf eine international feststellbare politische Erosion, nämlich die Verwandlung der klassischen Demokratie in eine Video- und Telekratie, wie sie besonders durch Berlusconis Italien exemplarisch existierte. Eine Rückkehr des Realen, ein Re-entry des Politischen in die Kunst angesichts einer von Medien beherrschten politischen Landschaft deuten sich an.

Österreichs Beitrag zur 46. Biennale von Venedig 1995 setzt also gewisse Aspekte des Österreich-Pavillons der 45. Biennale von 1993 fort.

media may be substantiated as an essential momentum of the Second Republic. In this respect it is important to represent Austria not merely as a multi-ethnic country, as was the case at the previous Biennale, but rather as a country with technological and philosophical visions beyond the bounds of expressiveness, a modern industrial nation.

I have selected representatives from three artistic generations: an older one, a younger one and a middle one, the latter having the largest part. Typically, the nominated artists are more well-known beyond the borders of Austria than in the country itself: Richard Kriesche took part in the Biennale of Venice in 1970, the Documenta VI in 1977, and in the Documenta VIII in 1987; Peter Kogler participated in the Aperto of the Biennale of Venice in 1986 and the Documenta IX in 1992. Eva Schlegel was at the Aperto of the Biennale of Venice in 1990 and at the Biennale in Sydney in 1988 and 1992. Ruth Schnell was also at the Aperto of the Biennale of Venice in 1990, the ARTEC in Nagoya (Japan) in 1991 and at the 4th international Video Biennale Fukui /Japan). Coop Himmelb(l)au (Wolf D. Prix, Helmut Swiczinsky) have won numerous international architecture competitions and are particularly well-known for their temporary pavilion „Video Clip Folly" for music videos (1990), their museum extension in Groningen (1993) and for their participation in the legendary exhibition „Deconstructivist Architecture" in the Museum of Modern Art in New York (1988).

But our selection did not fall upon the architecture and media scene with the sole aim of supporting artistic positions subject to controversy and neglect in Austria and not merely because this sector already has a number of internationally recognised achievements, but primarily because of the immanent art-historical problem - correlation between architecture and visual art that has ever been intensively cultivated in Austria. Suffice it to recall the cooperations of the Wiener Werkstätte. The relationship between architecture and art has been defined at the very highest level via the medium of painting. In spatial three-dimensional design architecture makes reference to the picture and, in turn, in two-dimensional design, painting makes reference to three-dimensionality. Our approach is aiming at addressing the paragon dispute between architecture and art as a topical issue and setting up a new equation between the pictorial and the three-dimensionality, between art and architecture. The classical concept of the picture has been radically transformed by the interactive computer installations, just as has the classical concept of three-dimensionality by deconstructivist architecture. The latter begins „beyond the bounds of three-dimensionality" (Coop Himmelb(l)au), the former begins beyond the bounds of the picture. So what we are looking at is primarily a new relationship between the visual and the spatial and only secondarily media art and architecture. The correlations between anti-gravitational architecture and the interactive image worlds of technical media are, however, most well-suited for revealing these new possibilities of linking visual art and architecture. Coop architecture and cyberspace together establish variable zones of visibility, a dynamic system, and also correspond to the variable positions of the subject within the virtual realities.

The Austrian Pavilion with its networking of diverse forms of public space, that is to say, that of architecture and that of the electronic media is reacting to a process of political erosion that can be detected on an international scale, i.e. the metamorphosis of classical democracy into a videocracy and telecracy, particularly as existed for instance in

Erstens handelt es sich nicht um die üblichen Beispiele von Drop Art, wo bereits vorhandene Skulpturen oder Bilder aus dem Studio abtransportiert und in Venedig fallengelassen werden, sondern um ein kollektives Projekt, um eine spezifische kulturelle Produktion ausschließlich für den Pavillon, um die Recherche einer Gruppe von KünstlerInnen. Die KünsterInnen arbeiten einerseits projektspezifisch souverän, andererseits interdisziplinär und grenzüberschreitend zusammen. Die Arbeiten der BildkünstlerInnen unterstützen die Absichten der Baukünstler und umgekehrt. Insgesamt entsteht durch diese technisch und konzeptuell neuartige Vernetzung von Bildkunst und Baukunst, wo sich Baukunst und Bildkunst gegenseitig bedingen, durchdringen und ergänzen, ein gebautes multimediales Gesamtkunstwerk.

Zweitens geht es wieder um eine künstlerische Transformation des Hoffmann-Pavillons, der nicht nur Ausdruck von klassischer symmetrischer Schönheit, sondern auch architektonischer Zeuge der konservativen Ideologie des austrofaschistischen Ständestaates ist, die in den 20er und 30er Jahren zur Vertreibung der visionären Architektur geführt hat, in deren Tradition aber die Architektur der Coop Himmelb(l)au steht. Ihr Architekturkonzept ist daher, im Gegensatz zum Hoffmann-Pavillon, Ausdruck von Wandel, Veränderung, Dynamik, Offenheit, Transparenz. Daher ist es notwendig, daß die architektonische Intervention der Coop Himmelb(l)au den Hoffmann-Pavillon von oben, von innen, von vorne und von der Seite durchdringt, umhüllt, durcharbeitet, abarbeitet. Sie zeigt das Unheimliche dieser klassischen Architektur. So werden der Hoffmann-Pavillon und mit ihm eine entsprechende Mentalität durch die dekonstruktivistische Architektur und die dissipative, perforierende Medienkunst negiert, verhüllt und transparent, zumindest gleichzeitig anwesend und abwesend gemacht. Die Konturen eines Willens zur sozialen Veränderung, eines Begehrens nach neuen urbanen demokratischen Praktiken, die Sehnsucht nach einer Befreiung der sozialen Systeme von der Dominanz des Staates und der Verwaltung werden als architektonische und mediale Überlagerung, Durchdringung und Durchschneidung der Räume, als Sprengung historischer Formen sichtbar.

Ein dritter Aspekt des vorigen Biennale-Projekts wird ebenfalls fortgeführt, nämlich einen Beitrag zum internationalen Kunst-Diskurs zu leisten, die Bühne der Biennale zu benützen, um die Entwicklung der Kunst voranzutreiben. War es vor zwei Jahren die Kontextkunst, ist es heuer die neue Gleichung zwischen Kunst und Architektur, die neue Raumerfahrung zwischen Bildkunst und Baukunst im Zeitalter von Cyberspace, die dies zum Ziel hat.

Zum Schluß ist den Menschen zu danken, ohne die dieses wahrscheinlich schwierigste Projekt in der Geschichte des österreichischen Biennale-Pavillons nicht realisiert hätte werden können - und das daher allein schon deswegen ein genuiner Beitrag zum hundertjährigen Jubiläum der Biennale von Venedig ist. Allen voran Dr. Rudolf Scholten, Bundesminister für Wissenschaft, Forschung und Kunst, der seit seinem Amtsantritt vor ca. 4 Jahren eine immer spürbarere Liberalisierung des österreichischen Kulturlebens eingeleitet hat. Ihm danke ich, daß er das Risiko eingegangen ist, mich ein zweites Mal zu nominieren, trotz der Anfeindungen durch die Boulevardpresse und die Galerieszene, denen er sich bei der erstmaligen Nominierung 1993 ausgesetzt hat. Ohne seinen enormen Einsatz für dieses fortschrittliche Biennale-Projekt, ohne sein außerordentliches Bekenntnis zur Moderne als ein kulturpolitisches Zeichen für Innovation und Liberalität in Österreich und die damit verbundene überaus große finanzielle Verpflichtung, hätte dieses auch finanziell und organisatorisch komplexe und anspruchsvolle Projekt nicht begonnen werden können. Die sachkundige Kompetenz von Frau Mag. Gertraud Auer und ihr leidenschaftliches Engagement für waghalsige, fast unrealistisch scheinende künstlerische Werke haben dieses Biennale-Projekt durch alle bürokratischen und kulturpolitischen Fährnisse sicher zum Ziel geleitet. Mag. Joseph Secky hat sie dabei dankenswerterweise unterstützt.

Wenn der Pavillon rechtzeitig in gewünschter Form zur Eröffnung am 9. Juni 1995 fertig wird, kann man sagen, daß Österreich dank dieser Personen ein neues kulturelles Gesicht zeigt, ein modernes, demokratisches, aber auch dank der beteiligten Baufirmen und Institutionen, weil sie entgegen dem weitverbreiteten österreichischen Image in kürzester Zeit höchst effektiv schwierige organisatorische, technische und

Berlusconi's Italy. A return of the real, a re-entry of the political into art, the face of a political scene governed by the media are in the offing.

Hence, in a way the Austrian contribution to the 46th Biennale of Venice 1995 is continuing certain aspects of the Austrian pavilion at the 45th Biennale in 1993.

For one thing, what is involved here are not the usual examples of drop art where existing sculptures or pictures are just carted out of the studio and dumped off in Venice, but rather a collective project, a specific cultural production made exclusively for the pavilion, the research performed by a group of artists. On the one hand these artists work masterfully in this specific project sphere and, on the other, they work together between various disciplines and across all borders. The works of the visual artists support the intentions of the architectural artists and vice versa. Altogether, this technically and conceptually new network of pictorial and architectural art, in which architectural and pictorial art in turn presuppose each other, is the foundation for the creation of a constructed multimedia work of art.

Secondly, what is again involved here is a transformation of the Hoffmann pavilion that is not merely an expression of classical symmetrical beauty, but also an architectural witness to the conservative ideology of the Austro-Fascist corporate state that induced the banishment of visionary architects in the twenties and thirties whose tradition, however, is evident today in the work of Coop Himmelb(l)au. Hence, as opposed to the Hoffmann pavilion, their architectural concept is an expression of transformation, change, dynamics, openness, transparency. It is thus necessary for this architectural intervention by Coop Himmelb(l)au to penetrate the Hoffmann pavilion, to enshroud it, to work through it, to work it off - from above, from within, from the front and from the side. This intervention reveals the uncanny of this classical architecture. Consequently, deconstructivist architecture and dissipative, perforating media art negate the Hoffmann pavilion, and with it an affiliated mode of thought, rendering it dissembled and yet transparent, and at least simultaneously occasioning both its presence and absence. What is made evident as architectural and media spatial overlapping, penetration and truncation, as a shattering of historical forms, are the contours of a will for social change, a craving for new urban democratic procedures.

A third aspect of the previous Biennale project is also continued, that is to make a contribution to the international art discourse, to utilise the stage of the Biennale with the aim of advancing the development of art. Where two years ago it was context art, this year it is the new equation between art and architecture, the new spatial experience between visual art and architecture in the age of cyberspace that is to have this goal.

In conclusion, thanks should be expressed to those people without whose aid this project would have been unfeasible, likely the most difficult in the history of the Austrian Biennale pavilion - and thus a genuine contribution to the centennial of the Biennale of Venice for this very reason alone. First and foremost Dr. Rudolf Scholten, Federal Minister of Science, Research and Art, who has initiated an increasingly perceptible liberalisation of Austrian cultural life since coming into office fours years ago. I would like to thank him for taking the risk of nominating me for a second time in spite of the animosities of the popular press and the galleries that he was exposed to when he first nominated me in 1993. Without his enormous commit-

bauliche Probleme meisterten, und weil sie gleichzeitig durch ihre Preisgestaltung als Sponsoren fungieren. Der Katalog zum österreichischen Biennale-Beitrag 1995 wäre nicht erschienen, hätten nicht im letzten Moment zwei Sponsoren seine Finanzierung übernommen: Ing. Peter Kotauczek von der Firma Beko und Herr Rudolf Siegle vom Springer Verlag, beide in Wien.

Schließlich danke ich allen beteiligten MitarbeiterInnen und KünstlerInnen, daß sie sich dem Streß dieses Projektes ausgesetzt und mit ihrem außerordentlich kooperativen persönlichen Einsatz geholfen haben, vor allem mit ihrer Kunst, den österreichischen Beitrag zum hundertjährigen Jubiläum der Biennale von Venedig 1995 optimal zu gestalten.

Peter Weibel

Anmerkungen:

1) Peter Weibel (Hrg.), Stellvertreter Representatives Rappresentanti: Andrea Fraser, Christian Philipp Müller, Gerwald Rockenschaub. Österreichs Beitrag zur 45. Biennale von Venedig 1993. Mit Texten von Helmut Draxler, Chantal Mouffe, Albert Müller, Michael Müller, Felicia Riess, Otto E. Rössler, Peter Weibel, Slavoj Zizek. Verlag der Buchhandlung Walther König, Köln 1993.

2) Seit dem Zerfall der k.u.k. Monarchie gibt es diese Kluft zwischen Österreichs Kunst und Österreichs Politik, diesen Verlust an Identität, dem eine „Kultur ohne Heimat" (Anthony Heilbut, 1987) und eine „Vertreibung der Vernunft" entspringt (siehe „The Cultural Exodus from Austria 1934-1945", Hrg. von Friedrich Stadler, Peter Weibel, Springer Verlag Wien New York 1995, das Begleitbuch zu meiner gleichnamigen Installation – gemeinsam mit Helmut Richter und Friedrich Stadler – bei der Biennale von Venedig 1993).

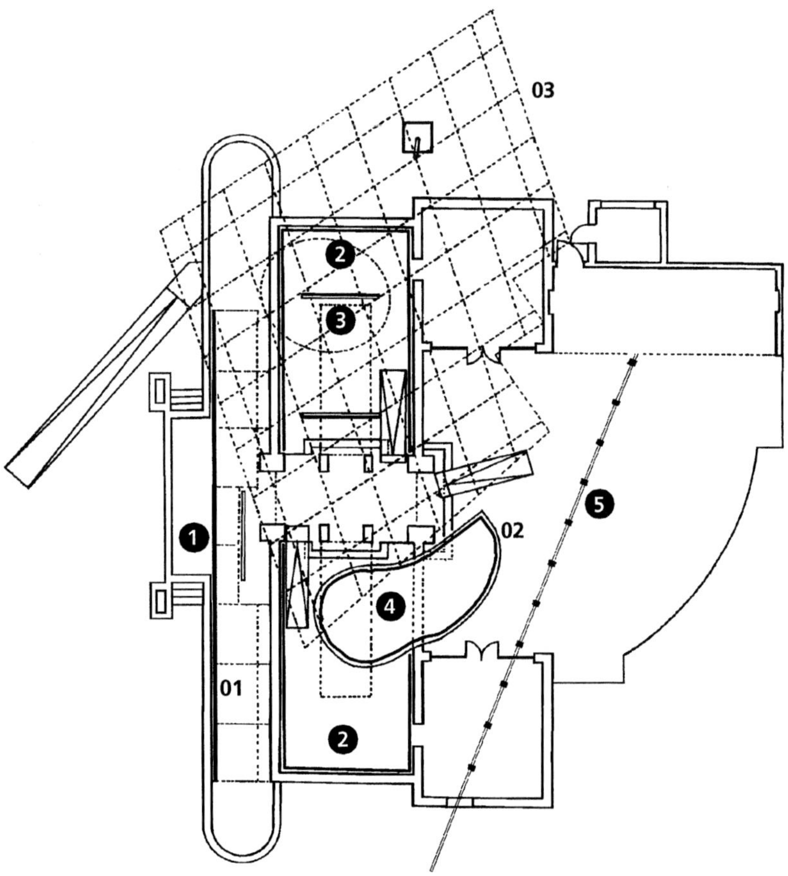

Coop Himmelb(l)au
»Pavillon der Medien«
01 Die Wand
02 Der Tropfen
03 Das Dach

❶ Eva Schlegel
❷ Peter Kogler
❸ Ruth Schnell
❹ Constanze Ruhm/Peter Sandbichler
❺ Richard Kriesche

ment to this progressive Biennale project and without his extraordinary declaration of belief in the modern art as a politico-cultural sign of innovation and liberty in Austria and the very great financial obligation involved, this complex, ambitious project - equally so regards financing and organisation - would never have been begun. The technical competence of Mag. Gertrud Auer and her ardent commitment to bold, seemingly virtually unrealistic artistic works have helped lead this Biennale project through the jungle of all the bureaucratic, politico-cultural perils safely to fruition. Thanks to Mag. Joseph Secky for supporting her in this undertaking.

If the pavilion is finished as we would like it in time for the opening, we can say that, thanks to these people, Austria will be able to show a new cultural face, modern and democratic; but this will also be thanks to the companies and institutions who were involved acting also as sponsors due to their favourable pricing and, contrary to the common Austrian image, mastering difficult organisational, technical and structural problems most efficiently and in a very short period of time. The catalogue of the Austrian Biennale contribution 1995 would not have been published if two sponsors had not undertaken to fund it at the last moment: Ing. Peter Kotauczek from Beko and Mr. Rudolf Siegle from Springer Verlag, both in Vienna.

Finally I would like to thank all the collaborators and the artists involved for exposing themselves to the stress and strain of this project and for helping to fashion the Austrian contribution to the (46th) Biennale of Venice 1995 in the best possible manner thanks to their extremely co-operative personal commitment and, above all, thanks to their art.

Notes:

1) Peter Weibel (Ed.), Stellvertreter Representatives Rappresentanti: Andrea Fraser, Christian Philipp Müller, Gerwald Rockenschaub. Austria's contribution to the 45th Biennale of Venice 1994. With texts by Helmut Draxler, Chantal Mouffe, Albert Müller, Michael Müller, Felicia Riess, Otto E. Rössler, Peter Weibel, Slavoj Zizek. Publishers of the book shop Walther König, Cologne 1993.

2) Ever since the demise of the Austro-Hungarian Monarchy there has been this cleft between Austrian art and Austrian politics, this loss of identity giving birth to a „Culture without a Home" (Anthony Heilbut, 1987) and an „Expulsion of Reason" (see „The Cultural Exodus from Austria 1934-1945", ed. Friedrich Stadler, Peter Weibel, Springer Verlag Vienna New York 1995, the accompanying book to go with my installation with the same title - together with Helmut Richter and Friedrich Stadler - at the Biennale of Venice 1993).

PETER WEIBEL

DER PAVILLON DER MEDIEN

Eine neue Gleichung zwischen Kunst und Architektur

I. Die Malerei als historische Schnittstelle zwischen Architektur und Kunst

a) Trompe-l'oeil Technologie

Selbstverständlich ist die Architektur selbst eine eigenständige Kunstform, die Baukunst. Selbstverständlich ist die Malerei selbst eine eigenständige Kunstform, die Bildkunst. Aber immer wieder haben im Verlaufe der Jahrhunderte in Kirchen, Palästen und sogar in Gemeindebauten Bildkünstler und Baukünstler zusammengearbeitet. Das Bild hat eine spezifische Beziehung zum Bau entwickelt, und zwar über die Wand, an der das Bild hängt und die ein Teil des Baus ist. Die Beziehung zwischen Bild und Bau ist z.B. wesentlich komplexer als die Beziehung zwischen Skulptur und Bau, wahrscheinlich deswegen, weil Skulptur und Bau ein gemeinsames Medium haben, den Raum. Die dialektische Spannung zwischen Malerei und Architektur bezieht sich hingegen offensichtlich daraus, daß das Bild als 2-dimensionale Kunst und die Architektur als 3-dimensionale Kunst sich nur an einer Schnittstelle treffen können, eben an der Wand. Die Malerei will über das Wand-Bild räumliche und architektonische Effekte erreichen und die Architektur über den Raum piktoriale, optische. In der Raumgestaltung nimmt die Architektur Bezug auf das Bild und die Malerei nimmt in ihrer Flächengestaltung Bezug auf den Raum.

Den künstlerischen Versuch, in der Malerei eine das Auge täuschende räumliche Wirklichkeitsnähe zu erreichen, nennt man Trompe-l'oeil. Seit der antiken Malerei dient die Technik des Trompe-l'oeil dazu, mit Wandbildern Räume zu gliedern oder optisch zu erweitern. Mit Perspektive, Licht- und Schattenwirkung versucht die Malerei, das Auge zu täuschen. Die Perspektive kann man als wissenschaftliche Konstruktion von Trompe-l'oeil-Effekten definieren. Spätestens seit Uccellos „Reiterstandbild" (1296) sind Perspektive, Illusionismus und Trompe-l'oeil einander bedingende Voraussetzungen des Realismus in der Malerei. Sie wurden daher von Anfang an verwendet, um illusionistische Scheinarchitekturen in der Wandmalerei zu versuchen, z.B. die Fresken von Giotto in der Scrovegni-Kapelle zu Padua (1305). Architektonische Räume, Nischen, Türen, Rahmen und geöffnete Schränke gehören zum bevorzugten Vokabular des Trompe-l'oeil-Bildes. Federigo da Montefeltre ließ an die Wand seines Arbeitszimmers Scheinschränke malen, einige davon mit offenen Türen. Auf der Narrentreppe im Landshuter Schloß (16 Jhdt.) begegnet man plötzlich Figuren, die aus einer Scheintüre stürzen. Auch bei den Niederländern und Italienern des 15. Jahrhunderts geht die visuelle perspektivi-

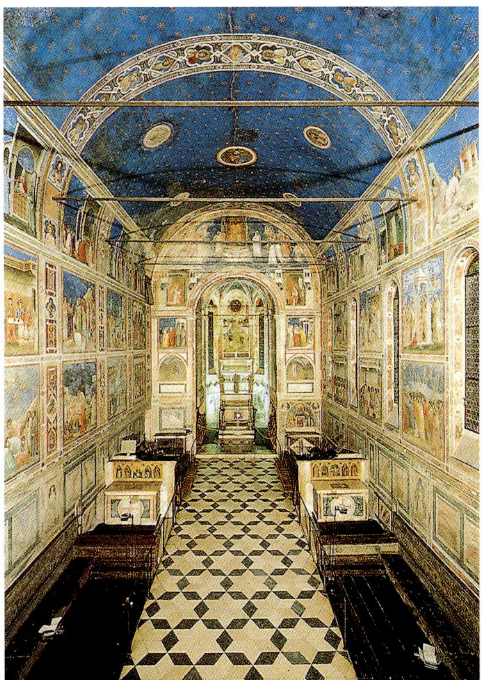

Scrovegni-Kapelle mit Giotto-Fresken, Padua 1305.

THE MEDIA PAVILION

Art and Architecture in the Age of Cyberspace

I. Painting as a Historical Interface between Architecture and Art

a) *Trompe-l'oeil technology*

Of course, architecture itself is an art form in its own right, the art of construction. Of course, painting itself is an art form in its own right, representational art. But over the centuries painters and architects have worked together time and again in churches, palaces and even in council houses. The image has evolved a characteristic relationship to the building, a relationship that is upheld via the wall on which the image is hung but which equally forms part of the building. The relationship between image and building, for example, is much more complex than that between sculpture and building, most likely because sculpture and building have a common medium, three-dimensionality. The dialectical tension existing between painting and architecture is evidently due to the fact that the image, as a two-dimensional art form, and architecture, as a three-dimensional art form, can only have one point of intersection, i.e. the wall. Painting seeks to achieve spatial and architectural effects via the wall-painting and, in turn, architecture strives to accomplish pictorial, optical effects via the three-dimensional space. In spatial design architecture makes reference to the image and, in turn, painting makes reference to space.

The artistic attempt in painting to create an optical illusion feigning spatial realism is called trompe-l'oeil. Since the times of classical painting, the trompe-l'oeil technique has served to sub-divide or optically expand spaces. With the aid of perspective, the effects of light and shade, painting strives to deceive the eye. Perspective may be defined as a scientific construction of trompe-l'oeil effects. Since Ucello's „Equestrian Statue" (1296) perspective, illusionism and trompe-l'oeil effects have been mutually dependent prerequisites of realism in painting. From the outset they were employed in an attempt to create illusionistic architecture in wall-painting, e.g. the frescos of Giotto in the Scrovegni chapel in Padua (1305). Architectural spaces, niches, doors, frames and open cabinets all belong to the preferred vocabulary of trompe-l'oeil painting. Federigo da Montefeltre had illusionistic cabinets painted on the wall of his study, some with open doors. On the Narrentreppe („Fools' Staircase") in Schloß Landshut (16th century) we are suddenly confronted with figures rushing through an illusionistic door. The Dutch and Italian painters of the 15th century also based the visual perspective deception on architecture. Perspective, illusionism and trompe-l'oeil effects are culminated in Corregio's cupolas, in Caravaggio's intense rays of light, the illusionistic vedutas of the baroque period and in cooperations between Palladio and Veronese. The Villa Maser near Asolo in northern Italy was

sche Täuschung von der Architektur aus. Ihre Perfektionierung erreichen Perspektive, Illusionismus und Trompe-l'oeil in den Kuppeln Corregios, in den Schlaglichtern Caravaggios, den illusionistischen Raumprospekten des Barock und in der Zusammenarbeit von Palladio und Veronese. Die Villa Maser in der Nähe von Asolo in Norditalien wurde um 1560 vom Architekten Andrea Palladio gebaut, 1560-61 von Paolo Veronese ausgemalt und mit Statuen von Alessandro Vittoria versehen. Sie stellt ein Meisterwerk in der synchronisierenden Vernetzung von Skulptur, Bildkunst und Baukunst dar. Palladio hat bekanntlich eine Richtschnur für sein Bauen aufgestellt, die bis heute (man denke nur an Frank Gehry) gilt: „Eine Stadt soll nichts anderes sein als ein großes Haus, und ein Haus nur eine kleine Stadt". Dementsprechend sieht man an den Wänden der Villa Maser Ausblicke auf imaginäre Landschaften, Dörfer, Gebäude, ländliche, himmlische und urbane Szenen. Die räumliche Gliederung der Architektur wird durch die Fresken Veroneses visuell überlagert und illusionistisch weitergeführt in einer nach allen Seiten offenen Raumgestaltung, wodurch zwischen gebauter Wirklichkeit und gemalter Illusion, realer Skulptur und malerischer Dekoration oft nicht unterschieden werden kann. Dieser Olymp wurde höchstens von einem anderen Meisterwerk Andrea Palladios übertroffen, dem Teatro Olimpico in Vincenza, 1580-85 gebaut, mit Bühnenbildern des Architekten Vincenzo Scamozzi: falsche Szenenfronten, falsche Torbögen und reale miniaturistisch verkleinerte Straßenzüge.

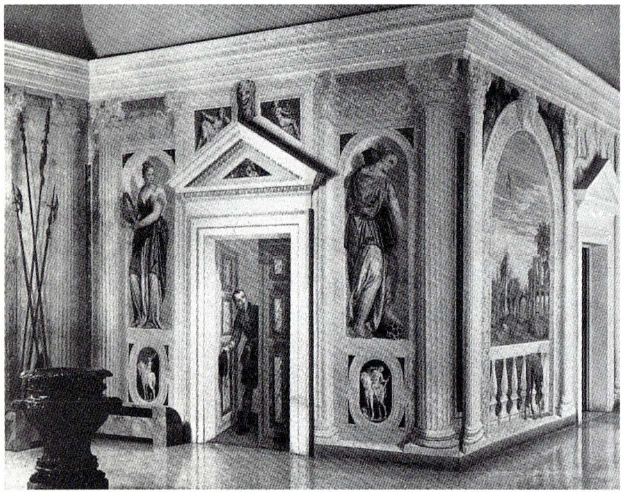

Villa Maser von A. Palladio und P. Veronese, 1561.

Die Freskomalerei der Hochrenaissance bildet die klassische Form der Beziehung von Architektur und Kunst. Die Wandbilder dienen nicht nur dazu, Raumschmuck zu schaffen wie die Tafelbilder, sondern dazu, eine Raumordnung herzustellen. Die Fresken Michelangelos für die Sixtinische Kapelle des Vatikan gliedern die weitgespannte Fläche des Gewölbes durch die gemalten illusionistischen architektonischen Elemente, in deren Zwischenräumen sich das Programm der christlichen Heilsverkündung entfaltet. Vor ihm hat bereits Andrea Mantegna bei seinen Hochaltarbildern überzeugend den perspektivisch erfahrbaren Raum gemalt und auf den Standpunkt des Betrachters hin orientiert. Das monumentale Bild „Die Schule von Athen" in den Stanzen von Raffael belegt ebenfalls die klassische Beziehung von gebauter und gemalter Architektur auf höchstem Niveau. Das Bild ist selbst räumlich in die vorhandene reale Architektur eingebettet. Die gemalte Scheinarchitektur im Bild wiederum bildet einen dreifachen Baldachin über die beiden Philosophen in der Mitte und zieht den Raum in die Tiefe, durch einen offenen Torbogen bis in die Weite des Himmels, während die Figuren durch

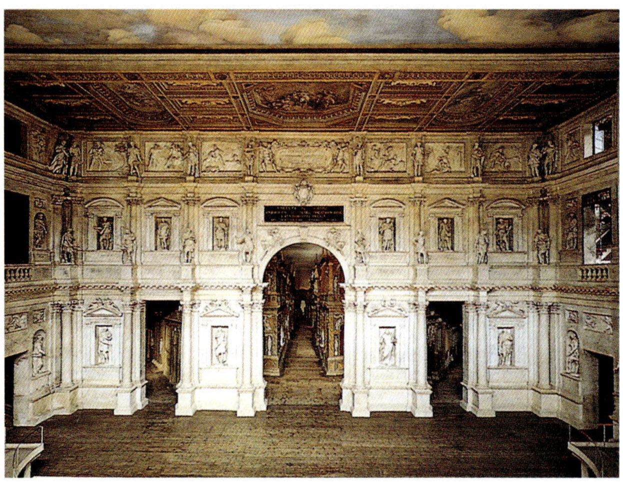

A. Palladio, V. Scamozzi, Teatro Olimpico in Vincenza, 1585.

built by the architect Andrea Palladio around 1560 and then painted by Paolo Veronese and furnished with statues by Alessandro Vittoria in 1560-61. It represents a masterpiece of synchronised junction of sculpture, representational art and architecture. Palladio is known to have set a guideline for his architecture that is still valid even today (we need only recall Frank Gehry): „A town should be nothing but one great house, and a house but a small town". Correspondingly, on the walls of Villa Maser we see views on imaginary landscapes, villages, buildings, rural, celestial and urban scenes. This spatial division of architecture is illusionistically continued in the frescos of Veronese in a spatial design open on all sides in which it is often impossible to distinguish between real construction and painted illusion, between real sculpture and painted decor. This Olympus was perhaps only surpassed by another of Andrea Palladio's masterpieces, the Teatro Olimpico in Vincenza, built in 1580-85, with backdrops of the architect Vincenzo Scamozzi: false sceneries, false archways and realistic miniaturised streets.

Fresco painting of the High Renaissance is the classic manifestation of the relationship between architecture and art. The purpose of the wall-paintings is not merely to create spatial decor as do the panel paintings, but rather to create a spatial ordering. Michelangelo's frescos for the Sistine Chapel of the Vatican order the widely spread vault area with painted illusionistic architectural elements, with the Christian propagation of the message of salvation depicted in the spaces inbetween. Before him, in his high altar paintings, Andrea Mantegna had already created a convincing portrayal conveying the experience of three-dimensional perspective and orienting it towards the observer's viewpoint. The monumental painting of the „School of Athens" in Raffael's stanze is another superior example of the classical relationship between built and painted architecture. The image itself is spatially embedded in the existing real architecture. The painted illusionistic architecture in the painting in turn forms a threefold canopy above the two philosophers in the centre, drawing three-dimensional space into the depths of the image through an open archway into the very expanse of the heavens; the figures, on the other hand, arrannged in a pronouncedly horizontal group on both stairs and geometric patterns painted in abridged perspective, further graduate and stratify the spatial structure.

Almost all baroque churches employ these deceptive techniques in their fusion of real architecture and wall-painting. Not only illusions of perspective play an important role here, but also material illusions such as painted marble. Ceiling paintings are usually designed in such a way as to direct the eye of the viewer from the real architecture across painted architecture into the sky. Altar paintings are also ordered in this way, so that the viewer is forced into believing himself in the very midst of a real occurrence. Often, it is only by looking very closely that we are able to distinguish between three-dimensional portrayal and two-dimensional painted representation. At the end of the 18th century rococo painters radicalised these trompe-l'oeil techniques of high baroque architecture developing on them to achieve a further unification of

eine betont horizontale Gruppierung auf breiten Treppen und geometrischen Mustern, die perspektivisch verkürzt gemalt sind, den Raum weiter staffeln und schichten. Piranesis Räume, die Carcere, wo der Raum ununterscheidbar wird, sind bereits im 17. Jahrhundert Anzeichen für eine Negation des Raumes.

Nahezu alle Barockkirchen verwenden in ihrer Verschmelzung von realer Architektur und Wandmalerei diese Techniken der augentäuschenden Illusion. Nicht nur perspektivische Täuschungen, sondern auch Materialtäuschungen wie gemalter Marmor, spielen dabei eine spezifische Rolle. Die Deckenmalereien sind dabei meist so angelegt, daß der Blick des Betrachters von der gebauten Architektur über eine gemalte Architektur in den Himmel geführt wird. Auch die Altarbilder sind so angeordnet, daß der Betrachter glauben muß, einem Geschehen direkt beizuwohnen. Zwischen dreidimensionaler, plastischer Darstellung und zweidimensionaler, malerischer Repräsentation ist oft nur bei genauerem Hinsehen zu unterscheiden. Das Rokoko hat im fortgeschrittenen 18. Jahrhundert diese Trompe-l'oeil-Techniken der hochbarocken Baukunst zu einer weiteren Vereinheitlichung des Raumes radikalisiert, bei der alle Teile ineinanderzufließen scheinen, wodurch eine gewisse optische Schwerelosigkeit erreicht wird.

Die Kunst, eine dreidimensionale optische Wirkung auf einer zweidimensionalen Malfläche zu erzeugen, erlebte in der Renaissance, im Barock und Rokoko ihren Höhepunkt. Dieser malerische Illusionismus der zweidimensionalen Darstellung der räumlichen Dimensionen definierte die klassische Beziehung von Bildkunst und Baukunst. Die Malerei wurde, indem sie die Plastizität der Gegenstände, der Körper und des Raumes optisch steigerte, zur Dienerin der Architektur, des Raumes. Die Malerei versuchte in der gemalten Scheinarchitektur der Renaissance, des Barock und des Rokoko der Malerei etwas zu geben, an dem es ihr mangelte, was die Architektur per se hatte, nämlich die Dreidimensionalität des Raumes. Die Architektur versuchte sich durch die Malerei etwas anzueignen, was ihr fehlte, nämlich Farbe, Bildhaftigkeit und Visualität.

b) Farbe als Medium der Gestaltung

Mit der Abschaffung der Perspektive zu Beginn der modernen Malerei wurde auch diese klassische Beziehung zwischen Bildkunst und Baukunst gebrochen. Deswegen wurde aber klarerweise nicht die Beziehung zwischen Malerei und Architektur aufgegeben, sondern sie wurde nur neu formuliert. Piet Mondrian forderte, daß die Farbe erstens flach sein muß, zweitens rein primär (nur die drei Grundfarben), drittens in ihrer Ausdehnung tatsächlich bedingt, aber keineswegs begrenzt sein muß. Dieses modernistische Credo verbat natürlich jede Illusionsmalerei. „Die neue Gestaltung in der Malerei" (Piet Mondrian, 1917) ließ keine gemalte Scheinarchitektur zu. „Durch Jahrhunderte hat die Malerei die Verhältnisse mit naturähnlichen Farben und Formen ausgedrückt, bis sie endlich erst in der Gegenwart zur Gestaltung der Verhältnisse selbst gelangte. Durch die Jahrhunderte hat sie mit natürlichen Farben und Formen komponiert, bis jetzt erst die Komposition selbst gestalteter Ausdruck werden konnte" (Piet Mondrian, Neue Gestaltung, 1925). Der internationale Konstruktivismus hat durch seine Reduktion auf geometrische Grundformen und monochrome Farben eine neue Beziehung zwischen Malerei und Architektur ermöglicht. Es wurde ein visuelles Vokabular entwickelt, das zwar im Tafelbild seinen Ursprung nahm, aber bald universal auf Gebrauchsgegenstände wie Möbel und auf eine komplexe urbane Architektur anwendbar war (K. Malewitsch). Nach dem russischen Konstruktivismus (ab 1915) waren es insbesondere die De Stijl-Bewegung (ab 1917) und das Bauhaus, die das zweidimensionale Vokabular der Malerei als neoplastisches Alphabet einer allumfassenden Welt- und Lebensgestaltung entfalteten. Durch die Umformung der Malerei von einem Medium der Komposition zu einem Medium der Gestaltung, wobei das ehemalige Abbild zum konkreten Gebilde wurde, war es für diese neue Malerei als plastisches Gestalten möglich geworden, auch raumgreifende Konzepte für Wandmalerei, Achitektur und Möbel zu entwickeln. Das berühmte, von Alexander Dorner initiierte „Kabinett der Abstrakten"

three-dimensional space seemingly merging all the component parts and thus accomplishing a certain optical weightlessness.

The art of creating a three-dimensional optical effect on a two-dimensional painting surface reached its climax in the Renaissance, baroque and rococo. This painted illusionism of the two-dimensional representation of spatial dimensions defined the classical relationship between representational art and architecture. By optically enhancing the plasticity of objects, bodies, and space, painting became the servant of architecture and of space. In the painted illusionistic architecture of the Renaissance, baroque and rococo, painting sought to create something it lacked, but which architecture possessed per se - the three-dimensionality of space. Architecture sought to acquire something via painting, something it lacked - colour, vividness and visuality.

***b)** Colour as a medium of design*

This classical relationship between representational art and architecture was also breached by the abolition of perspective at the dawn of modern painting. But this did not, of course, entail abandoning the relationship between painting and architecture, but rather merely its redefinition. Piet Mondrian demanded that colour must be flat, purely primary (the three basic colours only) and factually determined, but by no means limited in extent. Of course, this modernistic credo forbade any form of illusionistic painting. „Neo-Plasticism in Painting" (Piet Mondrian, 1917) did of course allow no illusionistic architecture. „For centuries painting expressed conditions with the aid of colours and forms close to nature, only now finally coming to lend expression to the conditions themselves. Over the centuries it composed with the aid of natural colours and forms - the composition itself has only now come to be designed expression" (Piet Mondrian, Neo-Plasticism, 1925). In its reduction to basic geometric forms, international constructivism facilitated a new relationship between painting and architecture. A visual vocabulary was evolved that did actually have its origins in panel painting but which soon came to be universally applicable to commodities such as furniture and also to a complex urban architecture. Following Russian constructivism (from 1915), it was especially the De Stijl movement (from 1917) and the Bauhaus that developed the two-dimensional vocabulary of painting as the Neo-Plasticist alphabet of an all-encompassing formal expression of life and the object world. Due to this conversion of painting from a medium of composition into a medium of design, with the erstwhile representation evolving to become a concrete entity, it became possible for this new form of painting as three-dimensional design to develop concepts of great presence for wall-painting, architecture and furniture. The famous „Cabinet of the Abstract" (1927) by El Lissitzky in the Sprengelmuseum of Hannover, initiated by Alexander Dorner, and the ciné-dancing „L'Aubette" in Strasbourg (constructed 1926-28) by Hans Arp, Sophie Tauber-Arp and, above all, van Doesburg both display the universal applicability of the constructivistic formal principles develo-

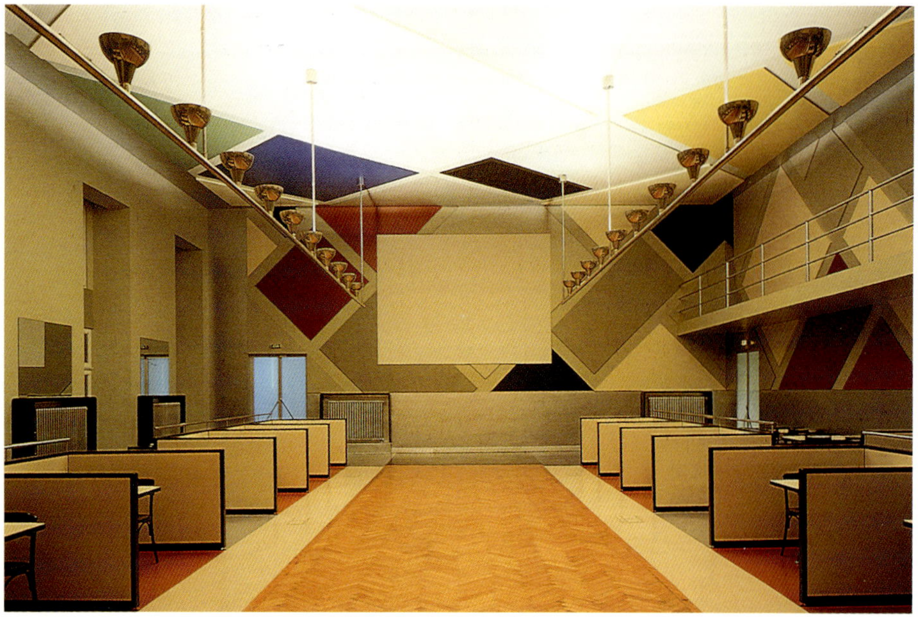

Theo van Doesburg, Ciné-Dancing "L' Aubette", Straßburg 1928.

von El Lissitzky im Sprengelmusem Hannover (1927) und das Ciné-Dancing „L'Aubette" in Straßburg (1926-28 gebaut) von Hans Arp, Sophie Täuber-Arp und vor allem van Doesburg zeigen die universale Anwendbarkeit der in der Malerei entwickelten konstruktivistischen Gestaltungsprinzipien auf die Welt der Gegenstände und des Raumes. Alexander Dorner schrieb bereits 1931 über „Die neue Raumvorstellung in der bildenden Kunst": „Das traditionelle Raumbild ist das vor einem halben Jahrtausend geborene perspektivische, in dem von einem festen absoluten Standpunkt aus der Raum als unendliche, homogene, dreidimensionale Ausdehnung ... angesehen wird. Das entscheidende Novum des Kubismus ist die Verdrängung des absoluten Standpunkts durch den relativen. Die Künstler empfinden ... als das Wesentliche des Raumes ... seine unwirkliche Allseitigkeit ... und daß man im Raum wandern muß, um ihn wirklich dreidimensional zu erleben. So verschwindet im weiteren Verlauf der abstrakten Kunstentwicklung, so im späten Konstruktivismus, die absolute Ausdehnung der Körper (Lissitzky). Die Materie wird schließlich in reine Flächen und Linien aufgelöst, die, masselos und durchsichtig, sich durchdringen. So entsteht ... der Raum als Druchkreuzung von Bewegungs- und Energieströmen" (1). Van Doesburg konnte die Prinzipien seiner malerischen „Kontra-Komposition" zur ganzheitlichen Gestaltung eines Raumes anwenden. Durch seine primärfarbigen Diagonalkompositionen an den Wänden entstand ein dynamischer Farbraum, in den der Besucher eintauchen konnte wie in ein dreidimensionales Bild. „Die gestaltende Raum-Zeitmalerei des 20. Jahrhunderts ermöglicht es dem Künstler, seinen großen Traum, den Menschen statt vor in die Malerei hineinzustellen, zu verwirklichen" (2).

Wir haben nun also zwei Phasen in der klassischen Beziehung zwischen Bildkunst und Baukunst definiert, wobei stets die Malerei die Schnittstelle bildete. Einmal im Zeichen des Illusionismus des gemalten Raumes, ein zweites Mal im Zeichen der Flachheit der Farbe. Neomodernistische Praktiken wie die von Palermo und Sol Lewitt haben mit ihren raumbezogenen Wandmalereien den Horizont dieser klassischen Gleichung zwischen Architektur und Kunst, die auf dem Medium der Malerei aufgebaut ist, nicht überschritten.

II. Die Medien als neue Schnittstelle zwischen Architektur und Kunst

a) Bild und Medien

Die unter dem Druck der technischen Revolution im 19. Jahrhundert entstandene Transformation der Kunst, die u.a. zur Begründung des modernen Konstruktivis-

ped by painting to the realm of objects and space. Even in 1931, Alexander Dorner wrote about „The new perception of space in art": „The traditional perception of space is that perception of perspective born half a millennium ago which envisages space as an infinite, homogenous, three-dimensional expanse as seen from a fixed absolute viewpoint. The essential novelty of cubism is the replacement of this absolute viewpoint by a relative one. The artists feel ... the essential character of space ... to be its unreal universalness ... and the fact that we must wander through space in order to be able to actually experience it in its three-dimensionality. Thus, in the further course of the development of abstract art, for example in later constructivism, the absolute expanse of the body disappears (Lissitzky). Matter is finally broken down into pure areas and lines pervading each other masslessly and translucent. In this way ... space is originated as a crossover of flows of movement and energy." (1). Van Doesburg was able to apply the principles of his painted „Counter Composition" for the purpose of holistic spatial design. With the aid of his primary coloured diagonal compositions on the walls he created a colour-space that the visitor could plunge into like a three-dimensional image. „Twentieth century spatial/temporal design painting allows the artist to fulfil his great dream of placing the human being into the painting instead of in front of it" (2).

We have thus defined two stages in the relationship between representational art and architecture with painting always representing the interface. Firstly under the banner of the illusionism of painted space, and secondly under the banner of the flatness of colour. Neo-modernist practices, such as those of Palermo and Sol Lewitt with their space-oriented wall-paintings, did not exceed the horizon of this classical equation between architecture and art based upon the medium of painting.

II. The media as a new interface between architecture and art

***a)** The image and media*

The transformation of art, induced under the pressure of the industrial revolution, that led i.a. to the foundation of modern constructivism that sought to create an art that met the conditions of an age characterised by science and technology, was of course further developed leading to the creation of a new perception of the image upon which the new equation of representational art and architecture is based. This equation is now no longer based on the medium of painting but rather on technological visual media. The interface between representational art and constructional art, between art and architecture, is still the image. But the image itself need no longer be the panel painting, the painted image, but can equally be the technological image of modern media, the photo, the film image, the digital image.

The painted image, the image on the wall, the wall-image were the original interfaces between art and architecture. In view of the fact that this term, image, for centuries referred to a painted image, it suggested itself to infer that painting, and with it colour, is the interface between art and architecture. But this is

mus führte, der eine Kunst schaffen wollte, die den Bedingungen einer wissenschaftlich und technisch geprägten Zeit entspricht, ist natürlich weitergegangen und hat in der Gegenwart zu einem neuen Bildbegriff geführt, das technische Bild, auf dem die neue Gleichung zwischen Bildkunst und Baukunst aufgebaut ist. Diese ist nicht mehr auf dem Medium der Malerei, sondern auf den technischen Bildmedien aufgebaut. Die Schnittstelle zwischen Bildkunst und Baukunst, zwischen Kunst und Architektur ist noch immer das Bild, aber es gibt neue Orte und Medien des Bildes. Das Bild selbst muß nicht mehr das Tafelbild sein, das gemalte Bild, sondern es kann auch das technische Bild der neuen Medien sein, das Fotobild, das Filmbild, das TV-Bild, das Videobild, das digitale Bild.

Das gemalte Bild, das Bild an der Wand, das Wandbild waren die ursprünglichen Schnittstellen zwischen Kunst und Architektur. Da es sich beim Begriff Bild jahrhundertelang um ein gemaltes Bild handelte, lag der Schluß nahe, zu sagen, die Malerei ist die Schnittstelle zwischen Kunst und Architektur und mit der Malerei die Farbe. Das ist aber ein historischer Trugschluß. In Wirklichkeit müßte es heißen, im Bestreben, dem jeweiligen Medium zu geben, was das andere nicht hat, ist die Schnittstelle zwischen Kunst und Architektur das Bild. Da sich aber der Bildbegriff änderte, änderte sich auch die Schnittstelle. Wenn sich die Trompe-l'oeil Technologie ändert (z.B. von den handwerklichen zu den industriellen Spezial-Effekten), ändert sich auch die Gleichung zwischen Bildkunst und Baukunst. Mit dem entwickelten und veränderten Bildbegriff verändert sich auch die Gleichung zwischen Kunst und Architektur, zwischen Baukunst und Bildkunst. Es ist also nicht die Malerei oder die Farbe die Schnittstelle, sondern das Bild. Wenn es nun neue technische Bilder gibt, verlieren die Malerei ihr Monopol auf Bildhaftigkeit, auf Wandgestaltung, auf Vermittlung zwischen Kunst und Architektur. Die Malerei wird eine (historische) Möglichkeit der Wandgestaltung neben vielen anderen. Wie die Entwicklung der technischen Bildmedien von der Fotografie bis zum Computer zeigt, ist der Ort des Bildes nicht allein das Tafelbild, ist die Malerei nicht das einzige Medium des Bildes. Die Idee des Bildes hat sich von der Malerei, vom Tafelbild gelöst. Das Visuelle trennte sich vom Bild (Tafelbild). Das Reich des Visuellen ist größer, umfangreicher geworden und schließt auch andere Medien ein. Die Idee des Visuellen ist von der Malerei ausgewandert und seit der Erfindung der Fotografie vor ca. 150 Jahren in andere Medien weitergewandert. Orte des Bildes, Orte des Visuellen sind heute nicht mehr nur exklusiv das Tafelbild, sondern auch die Kinoleinwand und der Bildschirm. Mit der Transformation des Bildes hat sich auch die Schnittstelle zwischen Bildkunst und Baukunst verändert. Die neue Schnittstelle ist zwar noch immer das Bild, aber sein Trägermedium ist nicht mehr die bemalte Wand, sondern sind die neuen technischen Bildmedien. Durch die neuen technologischen Bildmedien ist aber natürlich auch der Anspruch der Farbe, Mittler zwischen Raum und Bild, zwischen Baukunst und Bildkunst zu sein, gefallen. War in der klassischen Gleichung, besonders in der modernen Phase, die Farbe ausschlaggebend für das Zusammenspiel von Bildkunst und Baukunst, von Kunst und Architektur, so spielt die Farbe in der neuen Gleichung eine geringe Rolle, eben weil ja nicht mehr die Malerei die Schnittstelle bildet. Die Rolle der Farbe als zentrales Gestaltungsmittel übernimmt der Raum, und zwar in seiner virtuellen Form. Die neue Gleichung etabliert sich zwischen dem realen gebauten Raum der Architektur und dem simulierten, imaginären, virtuellen Raum der elektronischen Bildmedien.

Zwischen der dreidimensionalen Kunst (Architektur bzw. Baukunst) und der zweidimensionalen Kunst (Bildkunst) gibt es eine Schnittstelle, eine Gleichung, welche aufgrund historischer Praktiken, historischer Bildbegriffe mit Malerei identifiziert wurde. Diese historische Identifikation des Bildes mit dem Tafelbild, der Bildkunst mit der Malerei, also die Identifikation der Idee des Bildes mit einer historischen, eingefrorenen Technologie, hat aber die eigentliche Natur der Gleichung zwischen Bild und Raum verdeckt. Mit dem Wandel des Bildes und seinem Wandern von der Malerei zu den Medien hat sich auch die Schnittstelle zwischen Kunst und Architektur gewandelt: von der Malerei zu den Medien. Die dreidimensionale und die zweidimensionale Kunst ändern sich mit ihren Trägermedien, mit ihrer Technologie.

a historical fallacy. To be more correct we should say the image is the interface between art and architecture in an endeavour to give each medium what the other lacks. But as the perception of the image changed, so did the interface. If trompe-l'oeil technology changes (e.g. from manual to industrial special effects), so then does the equation between art and architecture, between constructional art and representational art. So it is not painting or colour that is the interafce but rather the image. Now that we have technological images, painting must necessarily relinquish its monopoly on pictoriality, wall design, mediation between art and architecture. Painting becomes one more (historical) possibility of wall design along with numerous others. As can be seen in the development of technological visual media ranging from photography to the computer, the place of the image is not the panel painting alone, and painting is not the sole medium of the image. The conception of the image has detached itself from painting and the panel picture. The visual detached itself from the (panel) image. The realm of the visual has become more extensive, now also encompassing other media. The conception of the visual has migrated from painting, entering the realms of other media ever since the invention of photography some 150 years ago. Image sites, sites of the visual are today no longer exclusively bound to the panel painting but can equally be the cinema screen and the screen in general. With this transformation of the image, the interface between representational art and constructional art has in turn changed too. The new interface is still the image, but its vehicle is no longer the painted canvas but rather modern technological visual media. But these new technological visual media have of course diminished the claim of colour to be the mediator between space and image, between architecture and representational art. Where the classical equation, especially at its modern stage, saw colour to be the decisive factor for the interplay of representational art and constructional art, of art and architecture, the new equation ascribes a less significant role to colour for the very reason that painting is no longer the interface. The role of colour as a central medium of design is adopted by space - in its virtual form. The new equation institutes itself between the real constructed space of architecture and the simulated, imaginary, virtual space of the electronic visual media.

There is an interface between three-dimensional art (architecture or constructional art) and two-dimensional art (representational art), an equation that was identified with painting on the basis of historical practice and historical image conceptions. But this historical identification of the image with the panel painting, of representational art with painting, i.e. the identification of the image conception with a historical, frozen technology, actually concealed the real nature of the equation between the image and space. Analogously to the change of the image and its shift from painting to the media, the interface between art and architecture has also been transformed: from painting to the media. Three-dimensional and two-dimensional art change with their vehicles and their technology. The medium of the image and the medium of space shifted. What we are dealing with today are images of the new technological visual media - on television and in film.

Das Medium des Bildes und das Medium des Raumes veränderten sich. Wir haben heute im Fernsehen, im Kino mit Bildern der neuen technischen Bildmedien zu tun. Sie gewähren uns neue Raumerfahrungen. Die technischen Medien und nicht die Malerei sind heute die dominierenden Medien des Bildes und des Blicks. Daher bilden die Medien heute die dominante Schnittstelle zwischen Architektur und Kunst, zwischen Baukunst und Bildkunst. Die technische Transformation des Bildes hat also auch die Gleichung zwischen Kunst und Architektur transformiert.

In den letzten 150 Jahren ist die Mediatisierung und Mechanisierung des Bildes, vom Fotoapparat bis zum Computer, enorm vorangeschritten. Parallel zur Technotransformation der Welt als Ergebnis der naturwissenschaftlichen Revolutionen entwickelten sich auch die Transformationen der technischen Bilder. Diese Evolution der maschinengestützten Generierung und Übertragung von Bildern kann vorläufig in sieben Stufen eingeteilt werden.

1. Die erste Station des technischen Bildes war bekanntlich die maschinenunterstützte Bildproduktion der Fotografie (1839). Das Bild stellte sich selbst her, ohne die Hand des Künstlers, deren Aufgabe eine selbständige Maschine, ein Bild-Automat (auto-selbst) übernahm.

2. Die Bildübertragung über lange Distanzen durch das Scanning-Prinzip, d.h. die Zerlegung eines zweidimensionalen Bildes in eine lineare Folge von Punkten in der Zeit, erfolgte etwa in der gleichen Epoche. Telegrafie, Telefon, Telekopie, „elektronisches Teleskop" (TV-System von Paul Nipkow, 1884) stellen maschinengestützte Übertragungssysteme von Ton, von statischem und bewegtem Bild dar. Auf die maschinengestützte Bilderzeugung folgte die maschinengestützte Bildübertragung. Die Entdeckung elektromagnetischer Wellen (Maxwell 1873, Hertz 1887) stellte den Beginn neuer Bildwelten dar.

3. Auf das Verschwinden der Realität (d.h. des realen, sinnlichen, körperlich erfahrbaren Raumes) folgte die Simulation von Realität. Die Simulation der Bewegung war ein wesentlicher Schritt in der Simulation der Realität. Durch die maschinenbewegten Bilder, die maschinengestützte Illusion des bewegten Bildes, folgte auf die Raumform des Bildes (Malerei) die Zeitform des Bildes: der Film. Lessings Laokoon-Doktrin (1776) wurde aufgehoben. Das Bild wurde von einem Medium des Raumes zu einem Medium der Zeit (wie die Sprache und die Musik).

4. Die Entdeckung des Elektrons und der Kathodenstrahlröhre (beide 1897) lieferten die Voraussetzungen für die elektronische Bilderzeugung und -übertragung (Fernsehen). Die magnetische Aufzeichnung von Bildsignalen (statt von Tonsignalen wie seit ca. 1900) mittels eines Videorecorders (1951) mixte Film, Radio und Fernsehen (Bildspeicherung und Bildausstrahlung) im neuen Medium Video.

5. Transistor, integrierte Schaltkreise, Chips und die Halbleitertechnik revolutionierten seit Mitte des 20. Jahrhunderts die Technologie der Informationsverarbeitung und führten zum vollkommen maschinenerrechneten Bild des Computers. Der multimediale Computer vereinigt in sich nicht nur alle historischen Möglichkeiten der maschinenunterstützten Generierung und Übertragung von Bildern, Tönen, Texten, sondern eröffnet auch vollkommen neue Perspektiven maschinengesteuerter interaktiver Bildwelten. Diese weisen fundamental neue Eigenschaften auf: Virtualität, Variabilität, Viabilität, mit denen Interaktivität zwischen Bild und Betrachter möglich wird.

6. Die interaktive computerterminale Datenfernübertragungstechnologie ermöglicht Kunst im Netzwerk, Televirtualität, rein immaterielle Kunst im Datenraum, Telepräsenz. Telerobotik, Kabel-TV, interaktives Fernsehen und digitale Netzwerke, die global gespannt sind, bilden die elektronische Superautobahn, die „electronic super highways" (Nam June Paik, 1974). Mit Teleskopie, Telefon, Television, Telefax, drahtloser Telegrafie, Radio etc. entstanden die Grundlagen einer telematischen Kultur, die gekennzeichnet ist durch die Trennung von Bote und Botschaft, von Körper und Botschaft. Das Trägermaterial des Codes wird vernachlässigbar. Materielose Zeichen reisen durch Raum und Zeit, Wellen breiten sich aus, körper-

They convey to us new spatial experiences. The technological media and not painting are today the dominating interface between architecture and art, between constructional art and representational art. The technological transformation of the image has thus also transformed the equation between art and architecture.

Over the past 150 years the mediatisation and mechanisation of the image, from the camera to the computer, have been vastly advanced. Parallel to this technological transformation of the world as the result of the scientific revolutions, the transformation of technological images has equally evolved. This evolution of machine-aided image generation and transfer can be provisionally divided into seven stages.

1. The first stage in the production of images with the aid of technology was obviously represented by the device of photography, invented in 1839. The image produced itself without the helping hand of the artist whose task was assumed by an independent machine, an image automaton.

2. At roughly the same time the transmission of images over long distances via the scanning principle - breaking down a two-dimensional image into a linear sequence of dots over time became possible. The telegraph, the telephone, telecopying, Nipkow's 1884 precursor „electronic telescope" to television all contributed to the development of technology based systems for the transmission of sound and both mobile and immobile images. The technology based transmission of images necessarily followed on after the technology based production of images. The discovery of electro-magnetic waves (Maxwell 1873, Hertz 1887) marked the birth of new visual worlds.

3. The disappearance of reality (i.e. real, material, physically tangible space) was followed by the simulation of reality. Motion pictures animated by machines, the machine-aided illusion of motion pictures, the spatial form of the image (as in painting) was followed by the temporal form of the image: film. Lessing's Laokoon doctrine (1776) was cancelled out. The image was transformed from being a medium of space into a medium of time (as with language and music).

4. The discovery of the electron and the cathode ray tube (both in 1897) laid down the basic conditions for electronic image production and transfer (television). The magnetic recording of visual signals (instead of sound signals as had been possible since the early 1900's) by video recorder (1951) combined film, radio and television (image recording and image transmission) in the new video medium.

5. Transistors, integrated circuits, chips and semi-conductor technology had been revolutionising data processing technology since the middle of the twentieth century, leading finally to the completely machine-generated computer image. The multimedia computer not only unites all the historical possibilities of machine-aided generation and transfer of images, sound and texts but rather opens up utterly new perspectives of machine-controlled interactive visual worlds. These worlds possess characteristics that are fundamentally new: virtuality, variability, and viability with the aid of which interactivity between the image and the viewer becomes possible.

lose Kommunikation wird möglich. Das Reich der immateriellen Zeichen schlägt in der telematischen Zivilisation seine Zelte auf. Das postindustrielle informations- und code-basierte Zeitalter beginnt.

7. Doch auch der übernächste Schritt, bisher noch ins Reich der Science Fiction verdrängt, beginnt im Bereich der Interface-Forschung und avancierten Sensoren-Technologie schon Realität zu werden. Findet man aktuell in interaktiven Medien-Installationen nur externe „brain-wave" oder „eye-tracker"-Sensoren, so ist die Entwicklungsrichtung dennoch evident. Unter Umgehung der klassischen elektronischen Schnittstellen möchte man mit „brain-chips" oder „neuro-chips" arbeiten, um die Gehirne möglichst verlustfrei und direkt an die digitalen Welten zu koppeln. Stimulation des Gehirns zur Erzeugung künstlicher Bildwelten statt Simulation (von künstlichen und natürlichen Welten).

b) Bild(um)welten: Viabilität, Variabilität, Virtualität

Ich habe die Stadien der Transformation des Bildes so ausführlich beschrieben, um jenen Regenschirm an neuen Eigenschaften zu entfalten, den die technischen Bildmedien besitzen, auf denen die neue mediale Gleichung zwischen Kunst und Architektur aufbauen kann. Nicht nur die Konstruktion des Bildes durch die Maschine ergibt ungeahnt neue Möglichkeiten, von der Trompe-l'oeil Technik der Raumdarstellung bis zur Farbe, von der Bewegungssimulation bis zur musikalischen Architektur der Zeit, sondern auch die maschinengestützte Übertragung des Bildes erlaubt ungesehene neue Möglichkeiten der Bildmanipulation. Produktion, Übertragung und Rezeption des Bildes werden radikal verändert und ihre Möglichkeiten radikal erweitert. Virtualität (der Bildspeicherung), Variabilität (der Bildgestalt), Viabilität (des Bildverhaltens) bestimmen diese Möglichkeiten.

Die Information ist im digitalen Bild nicht chemisch eingesperrt wie beim Foto oder beim Filmstreifen, auch nicht magnetisch wie beim Videoband, sondern elektronisch gespeichert, d.h. mit Lichtgeschwindigkeit veränderbar. Durch diese (fast immaterielle) virtuelle Speicherung der Information im Computer werden alle Punkte des Bildes zu Variablen in einem cartesianischen Koordinatensystem. Durch die Virtualität der Speicherung kann jede Information in Echtzeit geändert und übertragen werden, von außen (vom Beobachter) und von innen (von der Maschine). Die Bildgestalt wird durch die virtuelle Speicherung vollkommen variabel.

Das Bild selbst wird zu einem dynamischen System aus Variablen. Das Verhalten dieser Variablen ist vom Kontext steuerbar. Dieser Kontext kann sein: der Beobachter, der Ton, andere Bilder, andere Maschinen, Interfaces. Das statische Bild wird zu einem dynamischen Bildfeld. Das Bild wird zu einem Bildsystem, das sich variabel verhält, zu einem Ereignisfeld. Das Bild verwandelt sich von einem statischen Fenster, wie Alberti die Malerei definierte, durch das man auf einen kleinen begrenzten Ausschnitt der Welt blickt, in eine Tür, durch die der Beobachter in die Welt multisensorieller kontextgesteuerter Ereignisfelder ein- und austreten kann. Das Bild verwandelt sich in ein Bildfeld, ein Bildsystem, das vom Betrachter physikalisch steuerbar ist und in dem sich der Betrachter (mittels einer Videokamera oder eines Computers) selbst befinden kann. Das computererrechnete Bild, das durch einen head mounted display, durch eine am Kopf befestigte Sehmaschine (2 Monitore) bzw. Schnittstelle, sich bewegungsmäßig synchron mit den Bewegungen des Betrachters verhält, reagiert also auf die Bewegungen des Beobachters und verändert sich in der Perspektive und Skalierung entsprechend. Bewegungen im Bild und Bewegungen vor dem Bild werden durch den Computer synchronisiert. Der vom Computer errechnete illusionäre stereometrische 3-dimensionale Bildraum, der sich bewegt (wie vordem das Kinobild), aber zusätzlich auch instant sich mit den Bewegungen des Betrachters verändert, wird deshalb virtueller Bildraum genannt. Dieser virtuelle Raum ist vom Betrachter beeinflußbar und begehbar. Der Betrachter kann sich im Bild selbst befinden. Der Betrachter verändert und verformt das digitale Bild unmittelbar. Er wird Teil des Bildes, er sieht sich selbst im Bild. Der Betrachter bewegt das Bild und das Bild reagiert auf die Bewe-

6. The interactive computer terminal telecommunication technology enables art in the network, televirtuality, purely immaterial art in data space, telepresence. Tele-robotics, cable TV, interactive television and digital networks with global span constitute the „electronic super highways" (Nam June Paik, 1974). Graphic transmittal, the telephone, television, the telefax, wireless telegraphy, radio etc. went to evolve the basis of a telematic culture characterised by the distinction of message-sender and message, body and message. The vehicle material of the code becomes negligible. Matterless signs travel through space and time, waves spread out, bodiless communication becomes possible. The realm of immaterial signs becomes settled in the telematic civilisation. The post-industrial information and code-based era dawns.

7. But the next stage beyond the immediately foreseeable future - until now banned to the domain of science fiction - is already now beginning to become reality in the sphere of interface research and advanced sensory technologies. Whilst currently only external „brain-wave" and „eye-tracker" sensors are used in interactive media applications, the next step is becoming apparent: the development of „brain-chips" or „neuro-chips" in order to bypass classic electronic interfaces and link the brain as directly as possible to the digital realm to avoid any loss. Stimulation of the brain with the aim of evolving artificial worlds instead of simulation (of artificial and natural worlds).

***b)** Visual worlds (environments): bility, virtuality.*

I have described the transformation of the image in such detail so as to unfurl the umbrella of new features possessed by the technological visual media and on the basis of which the new media equation between art and architecture can be founded. It is not only machine construction of the image that presents undreamt-of new opportunities, ranging from the trompe-l'oeil technology of spatial representation to colour, and from the simulation of movement to the musical architecture of time, but also machine-aided image transfer and reception provide unimagined new possibilities of image manipulation. Image production, transfer and reception are being drastically changed and the possibilities subject to drastic expansion. Virtuality (of image recording), variability (of the image form) and viability (of image behaviour) are the factors determining these possibilities.

Data is not chemically stored in the digital image as is the case with photos or film strips, and nor is it magnetically stored as on a video tape; it is stored electronically, i.e. is changeable at the speed of light. This (almost immaterial) storage of data on computer makes all the points of the image into variables within a Cartesian system of coordinates. The virtuality of storage enables us to change and transfer any piece of the data in real time - externally (by the viewer) and from within (by the computer). The image form becomes totally variable through this virtual storage.

The image itself becomes a dynamic system of variables. The behaviour of these variables may be controlled according to

gungen des Betrachters. Systeme und Organismen, die auf Eingaben der Umwelt reagieren, nennen wir lebende Systeme. Da die digitalen Bilder auf die Eingaben der Zuseher in Echtzeit reagieren, also zwischen Bild und Betrachter eine wechselseitige Interaktion besteht, können wir sie mit Eigenschaften lebender Organismen vergleichen und nennen sie daher lebende bzw. belebte Bilder. Das dynamische variable Bildsystem zeigt also lebensähnliches Verhalten: Viabilität.

Aus der Viabilität des Bildverhaltens, aus der dynamischen Variabilität des Bildsystems und der Virtualität der Bilddatenspeicherung erwächst die sogenannte Interaktivität des Bildes mit dem Beobachter. Der Beobachter ist nicht nur vor dem Bild, sondern in der Tat körperlich und physikalisch teilweise im Bild und damit dem „großen Traum, den Menschen statt vor in das Bild hineinzustellen" (van Doesburg, 1928) näher gekommen. Diese Interaktivität ereignet sich aber nicht nur lokal, im natürlichen realen Raum, sondern auch telematisch, nichtlokal. Durch diese lokale und nichtlokale Interaktivität zwischen Bild und Beobachter entstehen die revolutionären Möglichkeiten der neuen Schnittstelle zwischen Kunst und Architektur.

c) Cyberspace

Mit ihrer enormen Rechengeschwindigkeit können die Computer nicht nur künstliche visuelle Wirklichkeiten in Echtzeit simulieren, sondern auch interaktive virtuelle Welt emulieren. Durch die maschinelle Perfektion der Simulation, welche die historische Trompe-l'oeil Technologie durch Bewegung und Interaktivität übersteigt, wird die Grenze zwischen Realität und Simulation aufgeweicht. Virtuelle Realität bzw. Cyberspace ist der Name für diesen Grenzraum, für diese Beinahe-Wirklichkeit. Der Begriff „Cyberspace" stammt bekanntlich aus dem Roman „Neuromancer" (1984) von William Gibson und bezeichnet „an infinite artificial world where humans navigate in information-based space". Cyberspace bezeichnet also eine Welt hinter dem Computerbildschirm und ist „the ultimate computer-human interface". Mit Interface, Schnittstelle, beschäftigten sich die ersten wissenschaftlichen Aufsätze, die zur Begründung der „virtuellen Realität" führten (3). Schnittstelle kann man definieren als Stelle einer Begegnung oder einer Koppelung zwischen zwei oder mehreren Systemen. Sie bezeichnet die Grenze, den Ort des Übergangs zwischen zwei Systemen. Schnittstellen übersetzen und vermitteln zwischen gekoppelten Systemen. Das Wort Schnittstelle wird metaphorisch oder technisch verwendet. Die Informatik versteht unter Schnittstelle ein Human-Computer-Interface. Sie umfaßt alle Komponenten (Hard- und Software), die dem Benutzer zur Bedienung einer Maschine zur Verfügung stehen. Die Mensch-Maschine-Schnittstelle definiert die Interaktionsmöglichkeiten zwischen Mensch und Maschine. Dieses Modell der Human-Computer-Interaktion kann erweitert werden und als Modell für maschinelle und physikalische Reibungsflächen zwischen Mensch und künstlichem oder natürlichem Environment dienen. Ein Peripherie-Gerät kann eine Schnittstelle zwischen Mensch und Computer sein, eine Maschine kann eine Schnittstelle zwischen Mensch und Umwelt sein, oder eine Wand kann eine Benutzeroberfläche, eine Schnittstelle zwischen Mensch und Umwelt sein. Der eigentliche, nicht nur begriffliche Vorläufer von Cyberspace ist selbstverständlich, wie der Name schon sagt, Cybernetics, die Wissenschaft von der Regelung und Nachrichtenübertragung in Lebewesen und Maschinen, die 1948 von Norbert Wiener begründet wurde (4).

Die Maschine stellt also anfangs das Bild selbst her (Foto). Darauf folgten die maschinell unterstützte Bildübertragung (TV) und die maschinelle Bewegung des Bildes (Film). Das maschinelle Bild wird bei Video in der Postproduktion manipulierbar, als digitales Bild schließlich in Echtzeit (simultan) veränderbar. Die Bildmaschine Computer wiederholt die ersten vier Phasen (maschinelle Herstellung, Bildübertragung, Bewegung, Manipulation). Aber zum Maschinenbild kommen im digitalen Zeitalter noch zwei neue Eigenschaften dazu: simultane Veränderbarkeit der bewegten Bilder und Interaktivität. Die Bildmaschine Computer durchläuft nochmals alle Stadien des Maschinenbildes: Computergrafik (Foto), Computerani-

the context. This context can be: the viewer, the sound, other images, other machines, interfaces. The static image becomes a dynamic image field. The image becomes an image system behaving variably: an event field. The image is transformed from a static window, as Alberti defined painting, a window through which the viewer may enter and leave the world of multi-sensorial context-controlled event fields. The image is transformed into an image field, an image system that can be physically controlled by the viewer and in which he can also be present (via a video camera or computer). The computer-generated image that moves in synch with the movements of the viewer via a head-mounted display (2 screens) and interface thus reacts to the movements of the viewer, correspondingly changing perspective and scale. Movements within the image and in front of the image are synchronised by the computer. The illusionary stereometric three-dimensional computer-generated visual space, ever moving (as before the motion picture of the film), but also always instantly changing with the viewer's movements, is thus called virtual space. This virtual space can be influenced and entered. The viewer himself can be in the image. The viewer directly changes and remodels the digital image. He becomes part of the image, he sees himself in the image. He moves the image and in turn the image reacts to his movements. Systems and organisms that react to input from their surroundings are called living systems. As digital images react to viewer input in real time, we may compare them to the characteristics of living organisms, thus denoting them living or animated images. Hence, the dynamic variable image system displays a form of life-like behaviour: viability.

The viability of image behaviour, the dynamic variability of the image system and the virtuality of image data storage give birth to the so-called interactivity between the image and the viewer. The viewer is not merely in front of the image, but actually to an extent bodily and physically in the image, thus coming closer to the „great dream of placing the human into the image instead of in front of it" (van Doesburg, 1928). But this interactivity does not only take place locally, in natural real space, but also telematically, non-locally. This local/non-local interactivity between the image and the viewer gives rise to the revolutionary opportunities of the new interface between art and architecture.

c) *Cyberspace*

Thanks to their incredible calculating speed computers can not only simulate artificial visual realities in real time, but also emulate interactive virtual worlds. Due to the perfection of machine simulation, that far surpasses the historical trompe-l'oeil technology in movement and interactivity, the boundary between reality and simulation is weakened. Virtual reality or cyberspace is the name given to this borderland, this close-reality. As we know, the term „cyberspace" is taken from the novel „Neuromancer" (1984) by William Gibson and denotes „an infinite artificial world where humans navigate in information-based space". So cyberspace is a term describing a world behind the computer display and is „the ultimate com-

mation (Film), bevor er bei seiner eigenen Domäne, der Interaktivität, landet. Diese enorme Mobilität, Variabilität und Austauschbarkeit der neuen visuellen Erfahrung des Raumes, abstrahiert vom realen Raum und realen Standpunkt, wird aber schon im 19. Jahrhundert vorbereitet, wie Jonathan Crary in seinem Buch „Techniques of the Observer“ zurecht befindet (5).

Das Bild wird zur Konstruktion kontextgesteuerter Ereigniswelten, die der Betrachter interaktiv verändern kann, da diese Bildwelten eine Welt der Variablen sind. Der digitale Code verwandelt die Welt in ein Feld von Variablen. Interaktive Computer-Installationen und -Simulationen ermöglichen also die Illusion des belebten Bildes als die vorläufig fortgeschrittenste Entwicklungsstufe der Kunst des technischen Bildes. Das interaktive belebte Bild ist die vielleicht radikalste Transformation des europäischen Bildbegriffs.

d) Architektur und Medien

Von der Erfindung der technisch reproduzierenden Bildmedien wird nicht nur die Malerei, sondern auch die Architektur erfaßt. Die Architektur steht schon lange unter dem gleichen Druck wie die Malerei, nämlich ihre Technologie aufgrund der industriellen maschinenbasierten und postindustriellen informationsbasierten Revolution zu erneuern und zu aktualisieren. Die Begegnungen zwischen der Architektur und den neuen technischen Bildmedien folgen klarerweise der Evolution dieser Medien selbst. Der Einfluß der Medien auf die Architektur, der den Einfluß der Malerei auf die Architektur ablöst, beginnt mit der Fotografie und geht über das Kino bis zum Computer. Die gegenwärtige moderne Architektur, insbesondere die konstruktivistische, wäre ohne den Einsatz zahlreicher Computer nicht denkbar. Der Einfluß der Fotografie äußert sich selbst auf der trivialen Ebene, daß die perspektivischen und anderen Manipulationsmöglichkeiten der Fotografie benützt werden, um die fotografierten Gebäude in Fachzeitschriften besser als in Wirklichkeit aussehen zu lassen.

e) Film und Architektur

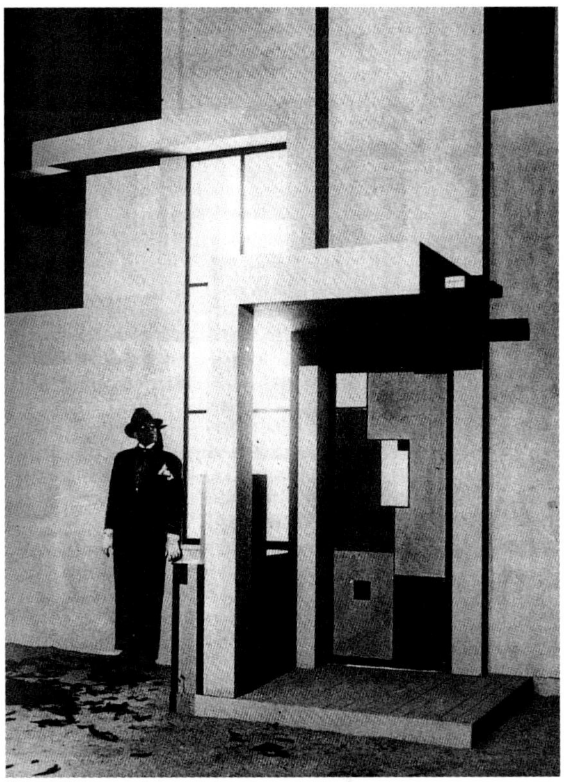

Filmbau von Rob Mallet-Stevens, L' Inhumaine, 1923.

Die Filmarchitektur ist das erste entscheidende Kapitel in der Beziehung zwischen Architektur und Medien. Man denke nur an die einflußreichen Architekturfilme „The Fountainhead“ (1949), Regie: King Vidor, Bauten: Edward Carrere, „Metropolis“ (1925) von Fritz Lang, „L' Inhumaine“ (1923), Regie: Marcel L'Herbier, Bauten: Rob Mallet-Stevens, „Les Mysteres du chateau du dé“ (1929) von Man Ray über eine Villa von Rob Mallet-Stevens, „Blade Runner“ (1982) von Ridley Scott, die bei der Konstruktion der Bilder der modernen Architektur von großem Einfluß waren. Die filmische Wahrnehmung des Raumes verwandelt die 3-dimensionale Baukunst tendenziell in eine 2-dimensionale Bildform des Raumes. Abstrahierte fiktive visuelle Architekturformen gewinnen Terrain. Die reale Architektur verschwindet gleichsam in der filmischen Raumgestaltung für das

puter-human interface". The very first scientific essays that led to the formation of „virtual reality" dealt with the interface (3). An interface can be defined as being a meeting place or coupling located between two or more systems. It denotes the border, the place of transition between two systems. Interfaces translate and mediate between coupled systems. The word interface is also used metaphorically or technically. Informatics sees interface to mean the human-computer interface. This encompasses all the components (hardware and software) available to the user operating a machine. The human-computer interface defines the possibilities of interaction between man and machine. This model of human-computer interaction can be enlarged to represent a model of machine and physical contact surfaces as exist between humans and artificial or natural environments. A machine can then be an interface between humans and their environment or a wall can be a user interface, an interface between humans and their environment. The actual, not merely conceptual precursor of cyberspace is of course, as its name suggests, cybernetics, the science of control and information transfer in living beings and machines, founded by Norbert Wiener in 1948 (4).

Initially then, the machine itself produces the image (photo). This was followed by machine-aided image transmission (TV) and image animation by machine (film). With the aid of video the machine image can be manipulated, and finally as a digital image in real time (simultaneously). As an image-machine the computer repeats the first four stages (machine generation, image transmission, motion, manipulation). But besides the machine image there are two further features in the digital age: simultaneous changeability of animated images and interactivity. The image-machine computer is again going through all the various stages of the machine image: computer graphic (photo), computer animation (film) before finally reaching its own domain - interactivity. This tremendous mobility, variability and exchangeability of the new visual spatial experience, abstracted from real space and real viewpoint, was actually prepared even back in the 19th century, as Jonathan Crary rightly notes in his book „Techniques of the Observer" (5).

The image becomes the construction of context-controlled event worlds that the viewer can change interactively as these visual worlds are a world of variables. The digital code transforms the world into a field of variables. Interactive computer installations and simulations thus enable the illusion of the animate image as the most advanced stage of development in the art of the technological image to date. The interactive animate image is perhaps the most radical transformation of the European image conception.

***d)** Architecture and Media*

Not only painting but also architecture is caught up by the invention of the technologically reproductive image media. Architecture has long been under the same pressure as painting, i.e. to renew and update its technology due to the industrial machine-based and post-industrial information-based

2-dimensionale Kamerabild. Diese Aufhebung der Baukunst in den Medien wirkt aber natürlich auch auf die reale Architektur zurück, die (in der postmodernen Doktrin) immer mehr zu einer temporären Kulissen-Architektur, zu einer Architektur der Zeichen wird, die von der Filmarchitektur lernt. „Das Kino wird den kühnsten Träumen der Architekten als Interpret dienen", sagte schon Luis Bunuel 1925, und Le Corbusier schrieb: „Kino und Architektur sind die einzigen Kunstarten der Moderne" (6). Le Corbusiers Credo war daher das „Haus als Wohnmaschine" in Analogie zum Auto als „Maschine zum Fahren" und zum Flugzeug als „Maschine zum Fliegen", wie wir in seinem berühmten Film „Architectures d' Aujourdhui" (1930/31), Regie: Pierre Chenal, lesen können. Der Philips-Pavillon für die Weltausstellung in Brüssel 1958 von Le Corbusier und Iannis Xenakis (mit Musik von Edgar Varese und Iannis Xenakis) ist das eindruckvollste Beispiel für die Verbindung von Architektur, Maschine und Musik.

f) Telemedien und Architektur

Entscheidend wurde jedoch die zweite Phase, in der das gegenseitige Beeinflussen von Moderne, Maschine und Architektur sich vom Problem des Visuellen, der mediatisierten filmischen oder fotografischen Wahrnehmung des Raumes emanzipierte, und die Architekten von Buckminster Fuller bis Hans Hollein im Zeitalter der „Infoculture" (7) und der telematischen Medien insgesamt ihre Baumaterialien in Zweifel zogen. Das Eindringen der Medien und der Kommunikations- und Informationstechnologie in den urbanen Raum war nicht mehr zu übersehen. Fernseher, Video, Telekommunikation, die elektronischen Medien lösten eine Krise der physikalischen Materialität aus. Hans Hollein hat 1968 in seinem Manifest „Alles ist Architektur" darauf adäquat reagiert und gefordert, die Architekten sollen endlich „aufhören, nur in Materialien zu denken". Utopische Architekturentwürfe durch Architektengruppen hatten daher in den 60er Jahren Saison, z.B. Archigramm, Hausrucker & Co, Archizoom, Superstudio und eben Coop Himmelb(l)au. In den 70er Jahren entstand daraus eine High-Tech Architektur, die sich in vielen Fällen auf eine hochtechnische Fassade konzentrierte (Centre Pompidou von Richard Rogers & Renzo Piano, 1971-77, Institute du Monde Arabe von Jean Nouvel, 1981-87, Hongkong Bank von Norman Foster, 1985). Morphosis beschreibt den Zusammenhang zwischen Technologie und Architektur als „representional systems that describe the art of construction and the art of representation itself. This self-reflective form of technomorphosis seeks to dissolve the making of buildings into the act of architecture as it articulates technology" (8). Aus der Definition von Architektur als Akt der Konstruktion (Baukunst) und Akt der Repräsentation (Bildkunst) folgt eine tendenzielle Fusion von Bild- und Baukunst auf der Ebene der Technologie. Daraus entstand Ende der 80er Jahre die Bewegung der intelligenten Gebäude bzw. intelligenten Ambiente mit „smart materials and structures" (9). Diese von modernen technischen (Bild)-Medien gesteuerte und sensorkontrollierte Fassaden-Architektur habe ich 1989 „Virtuelle Architektur" genannt, die sich definiert aus „der Schnittfläche von Architektur und Medien und aus der Systemtheorie komplexen Verhaltens" (10). Toyo Ito hat mit seinem Entwurf für das japanische Maison de la Culture in Paris 1992 unter dem Titel „Medienschiffe treiben auf der Seine" diese Tendenz zur virtuellen Architektur unter dem Einfluß der Informationsmedien und Theorie komplexer Systeme bestens realisiert. Das Gebäude sollte eine Fassade aus LCD-Glas haben, womit Transparenz und Opakheit elektronisch steuerbar wären. „Man könnte dieses Raumschiff als einen elektronischen Mechanismus oder einen lebenden Organismus auffassen ... Alle Räume werden durch Informationen geschaffen und sind daher temporär" (11). Das physikalische Gebäude rüstet sich immer mehr mit Informationstechnologie auf und immer mehr kontrolliert die künstliche Intelligenz des Computers die Prozesse im künstlichen Ambiente namens Gebäude. Das Haus wird zu einem dynamischen System mit stabilen physikalischen Baustrukturen, einer optischen Instabilität und einer flexiblen variablen Fassade bzw. Funktionsweise bzw. Informationstechnologie. Aus der „Cinetecture" (Helmut Weihsmann), der Schnittstelle Film und Architektur, wird die „Elektrotektur" (Mark C. Taylor) (12) und die „Mediarchitektur", was auch eine Bewegung vom (räumlichen) Raster als Grundriß zum immateriellen Netzwerk bedeutet. Die Architektur des 19. Jahrhunderts war von

revolutions. The encounters of architecture and the new technological media do of course follow the very evolution of these media. The influence of the media on architecture, replacing the influence of painting on architecture, begins with photography and ranges from film to the computer. Contemporary modern architecture, especially constructivistic architecture, would be unimaginable without the use of numerous different computers. The influence of photography becomes evident even at the trivial level, i.e. that possibilities of manipulating perspective and other things are used to make the buildings pictured in magazines look better than in reality.

***e)** Film and architecture*

Film architecture is the first decisive chapter in the relationship between architecture and media. We need only call to mind the influential architecture films „The Fountainhead" (1949), „Metropolis" (1925) by Fritz Lang, „L'Inhumaine" (1923) director: Marcel L'Herbier, set: Rob Mallet-Stevens, „Les Mysteres du chateau du dé" (1929) by Man Ray about a villa designed by Rob Mallet-Stevens, „Blade Runner" (1982) by Ridley Scott all having enormous influence on the construction of the images of modern architecture. The cinematic perception of space tends to transform three-dimensional constructional art into a two-dimensional image form of space. Abstracted fictitious visual forms of architecture are gaining ground. Real architecture is disappearing, as it were, in cinematic spatial design for the two-dimensional camera picture. But this cancellation of constructional art in the media does of course react upon real architecture that is (in post-modern doctrine) becoming more and more a backdrop architecture, an architecture of signs. „Cinema will serve the boldest dreams of architects", Luis Bunuel said even in 1925, and Le Corbusier wrote: „Cinema and architecture are the only art forms of the modern age" (6). Thus, Le Corbusier's credo was the „house as a living-machine" analogous to the car as a „machine for driving" and the plane as a „machine for flying" as can be read in his famous film „Architectures d'Aujourd'hui" (1930/31), director: Pierre Chenal.

***f)** Telemedia and architecture*

But it was the second stage that was to become decisive, the stage at which the mutual influence of the modern age, machine, cinema and architecture emancipated itself from the problem of the visual, the mediatised cinematic or photographic perception of space; in the age of „Infoculture" (7) and telematic media, architects from Buckminster Fuller to Hans Hollein called into question their building materials as a whole. The penetration of the media, communication and information technologies into the urban realm could be no longer overlooked. Televisions, videos, telecommunications, the electronic media precipitated a crisis of physical materiality. In his manifesto of 1968 „Alles ist Architektur" (Everything is Architecture), Hans Hollein displayed an appropriate reaction demanding that architects „stop thinking in their materials alone". Hence, utopian architectural designs created by groups of architects rated high in the sixties, e.g. Archigramm, Haus-

der industriellen Bautechnologie geprägt, die Architektur des 20. Jahrhunderts ist von der Kommunikationstechnologie geprägt. Die moderne Architektur, die mit Corbusier das Gebäude als Maschine definiert, hat sich mit Hilfe der modernen Kommunikationstechnologie selbst immer mehr in eine Mensch-Maschine Schnittstelle verwandelt. Auch die Bilder der technischen Medien entstehen hauptsächlich aus einer Mensch-Maschine Schnittstelle. Architektur und Kunst treffen sich also im Cyberspace, in der Zone der Mensch-Maschine Schnittstellen. Architektur und Kunst treffen sich im virtuellen Raum. An die Stelle des Ortes tritt die Schnittstelle, die Mensch-Maschine Schnittstelle, welche den virtuellen Raum schafft. 1976 bereits hat Cedric Price ein Projekt entworfen, „Generator", bei dem sich das Gebäude vollständig nach den Wünschen der jeweiligen Benutzer verändert und wo „das Computerprogramm die eigentliche Architektur des Gebäudes ist" [(13)]. Bereits 1969 hat Leonardo Mosso (Turin) eine „programmierte Architektur" gefordert, für „eine architektur als organismus, für die selbstverwaltung der form, das gedächtnis des computers, für die programmierte und direkt von ihren bewohnern geformte stadt" [(14)]. Eine zentrale Rolle des Computers für den Architektur-Diskurs bahnte sich an.

g) Architektur und Computer

Ken Sakamuras „Tron House" von 1988-93 ist ein hyper-intelligentes, vollkommen computergestütztes Gebäude. Peter Eisenman sagte in einem Interview zu Recht: „Der Computer gibt der Architektur die Möglichkeit, sich von einigen ihrer früheren Einschränkungen zu lösen. Eine dieser Einschränkungen ist der Umgang der Architektur mit dem Material. Zweitens eröffnet der Computer Möglichkeiten, die die Leistungsfähigkeit der heutigen Technologie in der Bauindustrie bei weitem übertreffen". [(15)] In seinem Manifest „Visions Unfolding: Architecture in the Age of Electronic Media" (1992) definierte er erstmals deutlich das elektronische Paradigma als eine Herausforderung für die Architektur, „weil es die Realität im Kontext der Medien und der Simulation definiert; es setzt Schein über Sein, das, was gesehen werden kann, über das, was ist. ... Man könnte sagen, daß die Architektur die Problematik des Sehens nie richtig durchdachte, weil sie im Konzept des Subjekts und der vier Wände verharrte. ... Nehmen wir einen Augenblick an, Architektur könne als Möbius´sches Band konzeptualisiert werden, mit einer ungebrochenen Kontinuität zwischen Innen und Außen ... in dem die Umgebung auf das Subjekt zurückblicken kann, in dem der Blick möglich ist" [(16)].

Die dritte Phase der Begegnung zwischen Architektur und Medien ist die entscheidende, weil sie die Basis der Architektur, den Raum, neu konstruiert. Der Einsatz des Computers in der Architektur der Medien hat nicht nur zur Auflösung der Materialität beigetragen, sondern vor allem eine Krise des Grundbegriffes, nämlich des Raumes, eingeleitet, indem nämlich die Bildmedien wie auch die Architektur selbst zum virtuellen Raum tendierten. Die dekonstruktivistische Architektur [(17)] ist ein Aufstand gegen den Ort, wie ihn bisher die moderne und postmoderne Architektur definiert hat. Der Kampf der Dekonstruktivisten gegen den Würfel (die 4 Wände), gegen die Schwerkraft, ist ein Signifikant ihres Kampfes gegen die Metaphysik der Präsenz. Präsenz der Absenz als Strategie der Dislokation, als Aufhebung des Ortes, des geschlossenen Raumes der vier Wände, tritt an die Stelle des Ortes. An die Stelle der Stelle tritt die Schnittstelle. In dieser Tendenz der Aufhebung des Ortes, in der Nicht-Lokalität, treffen sich die telematische Technologie und die dekonstruktivistische Architektur. Nicht der physikalische Raum, nicht mehr die physikalische Präsenz ist das Zentrum der Architektur, sondern auch der Nicht-Ort, nicht mehr nur der „site" (Ort), sondern auch der „para site". So wie sich der Raum in der Telekommunikation, im Datennetz etc. langsam auflöst, so auch in der Architektur, dem eigentlichen Diskurs des Ortes, der Kunst des Ortes. Die Architektur verliert durch den Einfluß der telematischen Informationsmedien, welche den Raum überwinden, ihr Dispositiv, den Raum, den physikalischen Raum. In der Überwindung der physikalischen Grenzen des Ortes, in der Aufhebung des Ortes, in der Dislokation, in der Non-Lokalität, im non-site, non-place, im atopos, im Ver-

rucker & Co., Archizoom, Superstudio and of course Coop Himmelb(l)au. In the seventies a high-tech architecture evolved from this concentrating in many cases on a high-tech facade (Centre Pompidou by Richard Rogers & Renzo Piano, 1971-77), the Institute du Monde Arabe by Jean Nouvel, 1981-87, the Hong Kong Bank by Norman Foster, 1985). Morphosis describes the interrelation between technology and architecture as „representational systems that describe the art of construction and the art of representation itself. This self-reflective form of technomorphosis seeks to dissolve the making of buildings into the act of architecture as it articulates technology" [(8)]. What follows from this definition of architecture as an act of construction (constructional art) and as an act of representation (representational art) is the tendency towards a fusion of representational and constructional art at a technological level. From this there evolved a movement at the end of the eighties, the movement of smart buildings or smart ambience with the aid of „smart materials and structures" [(9)]. In 1989 I termed this facade architecture, controlled by modern technological (image) media and sensors, „Virtual Architecture", drawing its definition from the „interface of architecture and media and from the system theory of complex behaviour" [(10)]. With his design for the Japanese Maison de la Culture in Paris 1992 entitled „media ships drifting on the Seine" Toyo Ito accomplished a magnificent realisation of this trend towards virtual architecture under the influence of the information media and the theory of complex systems. The building was to have a facade made of LCD glass thus making it possible to control its transparency or opacity. „This spaceship could be seen as an electronic mechanism or a living organism ... All spaces are created by data and are thus temporary" [(11)]. The physical building arms itself with more and more information technology and the artificial intelligence of the computer comes to control more and more the processes within the artificial ambience called building. The house becomes a dynamic system with stable physical building structures, an optical instability and a flexible variable facade / mode of function / information technology. „Cinetecture" (Helmut Weihsmann), the film-architecture interface, becomes „Electrotecture" (Mark C. Taylor) [(12)] and „Mediarchitecture" which also means a movement from the (spatial) grid to the immaterial network. The architecture of the 19th century was marked by industrial construction technology, the architecture of the 20th century is marked by communication technology. Modern architecture, in which Corbusier defines the building as a machine, has transformed itself more and more into a man-machine interface. The images of the technological media are also mainly the result of a man-machine interface. So, architecture and art meet up in cyberspace, in the zone of man-machine interfaces. Architecture and art meet up in virtual space. The location is replaced by the interface with the man-machine interface creating the virtual space. Even in 1976 Cedric Price drew up a project called „Generator" in which the building changed according to the wishes of the user and in which „the computer program constitutes the actual architecture of the building" [(13)]. Even in 1969 Leonardo Mosso (Turin) stood up for „programmed architecture", „for an architecture as an organism, for the autonomy of the form, the memory of the

neinen des Raumes, im Ortlosen treffen sich die telematischen Medien, die Infoculture und die medieninduzierte dekonstruktive Architektur. Frank O. Gehry, der Dekonstruktivist, und Jeet Singh, Joseph Chung (die Art Technology Group von Boston) arbeiteten daher beim Chiat/Day-Haus zusammen, wo sich dekonstruktivistische reale Architektur mit der virtuellen Architektur der elektronischen Kommunikationstechnologie verbindet. In der Tendenz zur Nicht-Lokalität nähern sich die digitalen Medien und die virtuelle Architektur der Mikrowelt der Quantenphysik.

h) Viable Architektur

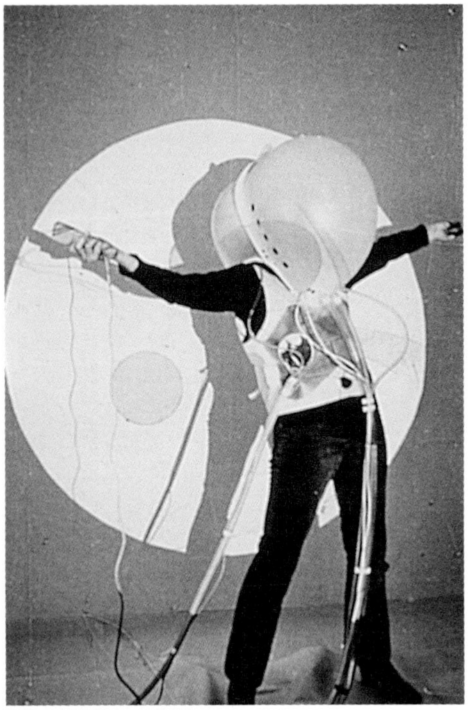

Coop Himmelb(l)au, Weißer Anzug, 1969.

Was in den vorhergehenden Abschnitten skizziert wurde, war die Entwicklung, wie das Bild und die Medien, aber ebenso auch die Architektur und die Medien konvergieren, sodaß die neue Gleichung zwischen Architektur und Kunst in der Tat von den Medien (statt der Malerei) als Schnittstelle definiert wird. Wir haben gesehen, wie die computergestützten Bilder der virtuellen Realitäten und die computergestützten Gebäude der intelligenten Ambiente sich aufeinander zubewegen. So wie an Stelle des klassischen Bildes ein dynamisches Bildsystem, eine audiovisuelle Ereigniswelt trat, die wegen ihrer Interaktivität zwischen Bild und Betrachter lebensähnliches Verhalten zeigt, so tritt auch in der Architektur an die Stelle des alten statischen immobilen Gebäudes ein dynamisches komplexes System von architektonischen Variablen, eine multisensorielle Schnittstellen-Technologie, die wegen der technischen Interaktivität zwischen Gebäude und Bewohnern lebensähnliches Verhalten aufweist, eine viable Architektur, welche die Architektur aus ihrer Invarianz, Einheit, Ordnung, Stabilität, Trägheit erlöst und wie das digitale Bild auf Virtualität und Variabilität aufbaut. Das Haus wird zu einem Datenanzug. Genau das war der Ansatz von Coop Himmelb(l)au 1969 („Weißer Anzug"). Bild und Betrachter, Bewohner und Gebäude werden interaktive virtuelle Teile eines komplexen dynamischen lebenden Systems (18).

Über die technischen Medien nähern sich Bildkunst und Baukunst auf neue Weise. Die gemeinsame Konvergenz und Kovarianz von Bild, Architektur und Medien hat aber nicht nur neue Formen von Beobachter- bzw. Bewohner-Relativität, Interaktivität und Schnittstellen- bzw. Sensoren-Technologie hervorgebracht, sondern hat einerseits alte Träume wiederbelebt und andererseits ganz neue Formen der Raum- und Zeit-Erfahrung erzeugt, welche die alten Raumvorstellungen ablösten. Der Ort, das Hier des Raumes, das Jetzt, das Hier der Zeit, als gemeinsame Feinde und Fundament der Architektur (der Baukunst) und der Kunst (der Bildkunst) wurden radikal transformiert. Daher rührt die Konvergenz, aus dieser gemeinsamen Front gegen das Gefängnis von Raum und Zeit, weil sowohl die Bildkunst wie die Baukunst mit Hilfe der telematischen Medien die Grenzen des Raumes und der Zeit überwinden können. Die Lichteffekte der Kathedralen (als sakrale Diskotheken) verkörperten früh die Sehnsucht nach der Transzendenz von Raum und Zeit, der Transgression des irdischen Lebens ins jenseitige Paradies als Utopie. Sie funktionierten als „dislocating space". An Stelle dieser spirituellen Transzendenz, dieser Geistreisen, tritt heute durch die virtuellen Welten eine technologische Transzendenz. Die Trompe-l'oeil Technologie der Malerei (Perspektive, Skala, Licht- und Schattenwirkungen etc.) wird durch die computergestützte Simulations-Technologie der V.R. (Virtual Reality) perfektioniert. An die Stelle der malerischen 2-dimensionalen Illusion tritt

computer, for the programmed town directly programmed by its inhabitants" (14). The central role of the computer in the architecture discourse was growing ever more apparent.

***g)** Architecture and computer*

Ken Sakamura's „Tron House" (1988-93) is a hyper-smart, totally computer-assisted building. As Peter Eisenmann rightly said in an interview: „The computer provides architecture with the opportunity of liberating itself from some of its earlier limitations. One such limitation is architecture's use of material. The computer also opens up possibilities that far exceed the capacities of current technology in the construction industry". (15) In his manifesto „Visions Unfolding: Architecture in the Age of Electronic Media" (1992) he was the first person to clearly define the electronic paradigm as a challenge set to architecture, „as it defines reality within the context of the media and simulation; it sets appearance over reality, that which may be seen over that which is. ... One could say that architecture has never really thought over the problem of seeing, adhering as it did to the conception of the subject and four walls. ... Let us suppose for a moment that architecture could be envisaged as a Möbius loop displaying an uninterrupted continuity between inside and outside ... in which the environment is able to look back upon the subject, in which this view is possible" (16). The third stage of the architecture-media link is the most decisive as it reconstructs the basis of architecture and space. The use of computers in the architecture of the media has not contributed to the elimination of materiality but has rather initiated a crisis of the basic concept, i.e. space, because the image media and architecture itself display a tendency towards virtual space. Deconstructivist architecture (17) is a revolt against the location as defined by modern and post-modern architecture. The deconstructivists' battle against the cube (four walls), against gravity, is a signifier of their battle against the metaphysics of presence. The presence of absence as a strategy of dislocation, as a rescission of the location, the closed space of the four walls, replaces the location. It is within this tendency towards the elimination of the location, in non-locality, that telematic technology and deconstructivist architecture meet up. It is not physical space, and no longer physical presence, that represent the centre of architecture but now also the non-site, and no longer the site alone but rather the „para site". Just as space and time are gradually dissolving in telecommunications, in the data net, this is equally the case in architecture, the actual site discourse, the art of the site. Owing to the influence of telematic information media that overcome space, architecture is losing its basic dispositive reference, i.e. space, physical space. The telematic media, infoculture and media-induced deconstructivist architecture meet up in the overcoming of the physical borders of the site, in the elimination of the site, in dislocation, in non-locality, in the non-site, in the non-place, in the atopos, in the negation of space, in sitelessness. The deconstructivist Frank O. Gehry, Jeet Singh and Joseph Chung (the Boston Art Technology Group) thus worked together on the Chiat/Day House in which deconstructivist real architecture is combi-

der mediale stereometrische 3-dimensionale Illusionismus. In beiden Fällen geht es um die Illusion der 2-dimensionalen Darstellung des Raumes. Die Medien erlauben als Kunst des bewegten Bildes auch die Illusion der 4. Dimension, der Zeit, und schließlich als Kunst des belebten Bildes auch die Interaktivität. „Die gestaltende Raum-Zeit Malerei des 20. Jahrhunderts" (van Doesburg) sind die Medien. Sie können „den Menschen statt nur vor" auch „in das Bild hineinstellen". Der mediale Illusionismus geht also über die malerische Illusion weit hinaus, nicht nur in der Perfektion, sondern vor allem durch neue Funktionen wie Interaktivität und Nicht-Lokalität. Es gibt nicht nur die visuelle Simulation realer Räume und lokale virtuelle Räume, sondern auch televirtuelle imaginäre Räume, die Steuerung von Eingriffen in den Bilder- bzw. Datenraum aus der Ferne. Interaktivität, lokal und telematisch, schafft neue physikalische Formen der Transzendenz. Ein V.R.-3D Server oder ein head mounted display erlauben das Eintauchen in Hyperspace, Cyberia, dislocated und nonlocated space, Navigieren in Datennetzen. Wie im Barock und Rokoko geht die Täuschung des Auges vom Raum der Architektur aus. Es gibt Scheintüren, -schränke, -treppen, -nischen, -figuren, geometrische Muster, die den Raum schichten, staffeln, gliedern, ordnen, erweitern. Aber die Vereinheitlichung des imaginären und realen Raumes geht weit über barocke Träume hinaus, denn es kommt erstens zur physikalischen Interaktion zwischen realem und imaginärem Raum und der Beobachter befindet sich vor und in den imaginären Räumen. Die antigravitationelle Konstruktionstechnik der dekonstruktivistischen Architektur kooperiert mit der optischen Schwerelosigkeit des körperlichen „dismembered, dislocated" Verhaltens

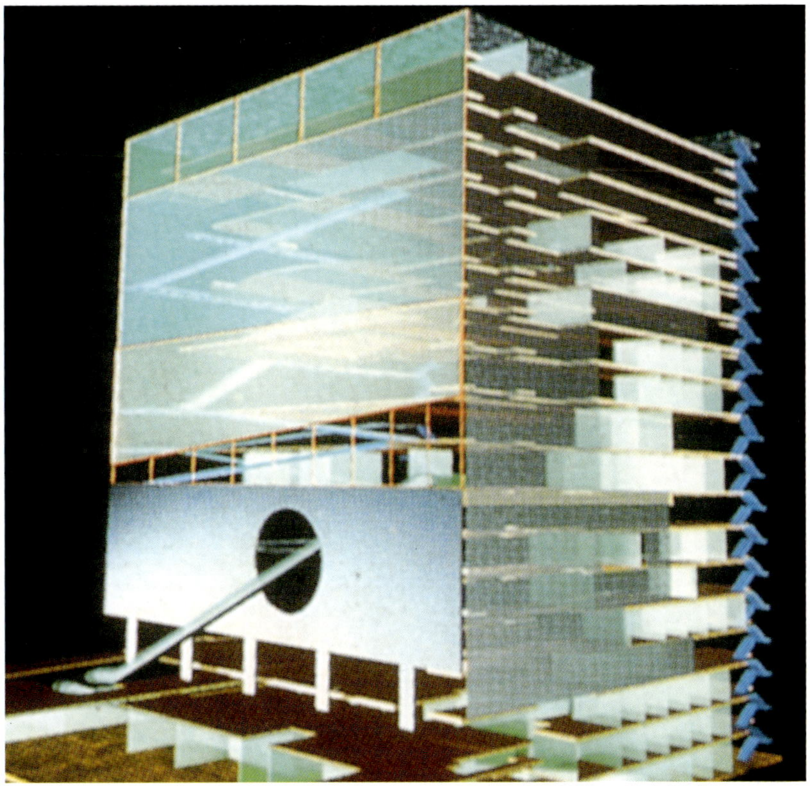

Rem Koolhaas, ZKM Karlsruhe (Modell), 1989.

im Cyberspace. Es können die virtuellen Szenen, mit denen und in denen interagiert wird, auch televirtuell sein, aufgrund der Computer-Telekommunikation und Datenfernverarbeitungstechnologie ganz woanders geschehe. So entsteht aus dem geschlossenen Raum ein offenes Netz, endlich jene ersehnte „unwirkliche Allseitigkeit ... reine Linien ... masselos ... durchsichtig." (A. Dorner, 1929), Cybertopie, Cyberspace. Der Einfluß der Maschinen und Medien auf das Sehen, auf die Architektur, jener definitiven Kontexte der Moderne, führen zu einer Subversion der Moderne, visuell ablesbar an der dekonstruktiven Verletzung und Verzerrung konstruktivistischer Reinheit.

ned with the virtual architecture of electronic communications technology. The digital media and the virtual architecture of the micro-world of quantum physics are converging in the trend towards non-locality.

h) *Viable architecture*

What I have sketched in the preceding sections was the development within which the image and the media, but equally so architecture and the media are converging, whereby the media (instead of painting) defines the new equation between architecture and art as an interface. We have seen how computer-aided images of the virtual realities and cyberspace and the computer-assisted buildings of smart ambience are converging. Just as the classical image was replaced by a dynamic image system, an audio-visual event world displaying a form of life-like behaviour due to its image-viewer interactivity, in architecture the old static immobile building is being replaced by a dynamic complex system of architectonical variables, a multi-sensorial interface technology displaying a form of life-like behaviour due to its technological building-inhabitant interactivity, a viable form of architecture releasing architecture from its invariance, uniformity, order, stability and inertia, instead building on virtuality and variability as does the digital image. The house becomes a data suit. And that was precisely the approach adopted by Coop Himmelb(l)au in 1969 („White Suit"). The image and the viewer, the inhabitant and the building become interactive virtual components of a complex dynamic living system (18).

But the mutual convergence and covariance of image, architecture and media has not produced only new forms of viewer/inhabitant relativity, interactivity and interface/sensory technology but has on the one hand also revived old dreams and on the other has created completely new forms of spatial and temporal experience replacing the old conceptions of space. The site, the „here" of space, the present, the „here" of time have undergone drastic transformation as mutual enemies and as the foundation of architecture (constructional art) and art (representational art). And this is what gives rise to the convergence, this joint front against the confines of space and time, because both representational art and constructional art are in a position to overcome the barriers of space and time with the aid of the telematic media. At an early stage, the lighting effects of cathedrals (as sacral discotheques) embodied the yearning for the transcendency of space and time, the transgression of earthly life into the paradise beyond as a utopian dream. They worked as a „dislocating space". Today, this spiritual transcendency, this spiritual journey, is replaced by the technological transcendency of virtual worlds. The trompe-l'oeil technology of painting (perspective, scale, effects of light and shade etc.) is perfected by the computer-aided simulation technology of VR (virtual reality). The two-dimensional illusion of painting is replaced by media stereometric three-dimensional illusionism. What is involved in both cases is the illusion of the two-dimensional representation of space. But being the art of the moving image, the media also permit the illusion of the fourth dimen-

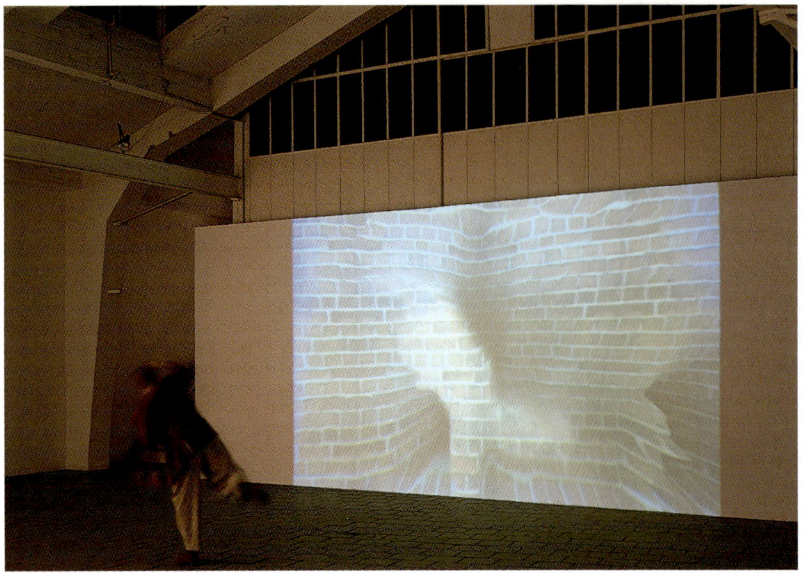

Peter Weibel, Vorhang von Lascaux, Galerie T. Grunert, Köln 1994.

Die neuen computergestützten und telematischen Bildmedien als Schnittstellen zwischen Kunst und Architektur bedeuten aber letzten Endes nicht nur eine radikale Transformation unserer Vorstellungen von Bild und Raum, sondern eine Entfaltung des Sehens, des Körpers und des Raumes in ungeahnte Dimensionen und vor allem auch eine Entfaltung des Subjektes weit über die natürlichen Grenzen von Raum und Zeit hinaus. Sie stellen damit die Fragen neu: Wer sieht? Wer sieht was? Was sieht man? Was wird gesehen?

i) Der Österreichische Pavillon

Seit 1968 arbeiten Wolf D. Prix und Helmut Swiczinsky an der Fusion von Architektur und Informationsmedien und den damit verbundenen Problemen des Sehens, des Raumes und des Subjektes und haben beharrlich ein Netzwerk von Raumfragmenten anstelle des Rasters des Würfels gesetzt. Ihre Architektur wiederspiegelt die Spannung und Komplexität der Jetzt-Zeit, wiederspiegelt die Ansprüche der Aufklärung bis ins Zeitalter der Daten-Industrie, eine offene dynamische Architektur als Repräsentation einer offenen dynamischen Gesellschaft, was gerade in Österreich so notwendig ist, weil sich hier die „bürgerliche Gesellschaft" und das bürgerliche Subjekt nie so recht vom Staat freispielen konnten und das Subjekt am liebsten als Beamter diente. „Die Grenzen von Außen und Innen sind aufgehoben, was Außen war, wird zum Innen und umgekehrt, nicht ist mehr an seinem gewohnten Ort. Die Auflösung der Idee einer dreidimensionalen Räumlichkeit mit ihren traditionellen physikalischen Gesetzen wie Schwerkraft oder Materialstärke erfolgt transformatorisch in die für den Bruchteil einer Sekunde zum Stillstand gebrachte Bewegung, in ein Standbild aus einem Motion Picture. Geschwindigkeit, Auflösung von Raum und Zeit und subversive Unterminierung gesellschaftlicher Strukturen sind jene Kennzeichen, die gemeinhin als das demokratische Potential des elektronischen Netzwerks bezeichnet werden." [19]. Der klassische Bildbegriff ist durch die interaktiven Computerinstallationen und telematischen Netzwerke radikal transformiert worden, ebenso wie der klassische Raumbegriff durch die dekonstruktivistische Architektur. „Architektur beginnt jenseits des Raumes" sagt Coop Himmelb(l)au. Wenn wir es mit einer Architektur zu tun haben, die sich selbst als jenseits des statischen Raumes definiert, muß sich also eine damit korrespondierende bildende Kunst jenseits des statischen Bildes bzw. jenseits der statischen Skulptur definieren. Die Bildmedien, die das tun, sind die elektronischen Medien. Die elektronische Kunst, vor allem die interaktiven Computerinstallationen, beginnen jenseits des Bildes. Es geht also nicht primär um eine Ausstellung elektronischer Medien, sondern es geht primär um die Beziehung zwischen Architektur und Kunst. Diese ist aber heute in ihrem avanciertesten Stadium über die elektronischen und telematischen Medien, die den loka-

sion, time; and finally, being the art of the animated image, they also permit interactivity. The media are „twentieth century spatial/temporal design painting" (van Doesburg). They are equally able to „place the human into the image instead of merely in front of it". So media illusionism goes far beyond the painted illusion, not only in its perfection but also due to new functions such as interactivity and non-locality. What we have is not merely the visual simulation of real spaces and local virtual spaces but also televirtual imaginary spaces, the remote control of interventions in image or data space. Interactivity, both local and telematic, creates new physical forms of transcendency. With the aid of a VR 3D server or a head mounted display we are able to become immersed in hyperspace, Cyberia, dislocated and non-located space, to navigate within the data networks. The deception of the eye is based upon architectural space, as was equally the case in baroque and rococo. There are illusionistic doors, cabinets, stairs, niches, figures, geometric patterns stratifying, graduating, ordering and expanding space. But the union of imaginary and real space goes far beyond baroque dreams, for what is involved here is physical interaction between real and imaginary space and the viewer is both in front of and actually inside the imaginary space. The anti-gravitational construction technology of deconstructivist architecture co-operates with the optical weightlessness of physical „dismembered, dislocated" behaviour in cyberspace. The virtual scenes with which and in which interaction takes place can also be televirtual, somewhere completely different, with the aid of computer telecommunications and teleprocessing technology. Thus, the closed space evolves to become an open network, that much longed-for „unreal universality ... pure lines ... massless ... transparent." (A. Dorner, 1929), cybertopia, cyberspace. The influence of machines and media on the act of seeing and on architecture, those decisive contexts of the modern age, leads to a reversal of this modern age that can be visually seen in the violation and distortion of constructivist purity.

But these new computer-aided and telematic image media as interfaces between art and architecture do not merely represent a drastic transformation of several perceptions of the image and space but also an unfolding of the act of seeing, the body and space in undreamt-of dimensions and, above all, an unfolding of the subject far beyond the natural boundaries of space and time. They pose the questions in a new form: who sees? who sees what? what do you see? what is seen?

***i)** The Austrian Pavilion*

Since 1968 Wolf D. Prix and Helmut Swiczinsky have been working on the fusion of architecture and information media and the affiliated problems of seeing, space and the subject, unwaveringly placing a network of spatial fragments in the stead of the cube grid. Their architecture reflects the tension and complexity of the present time, it reflects the demands of the Enlightenment right up to the age of the data industry - open dynamic architecture as a representation of an open dynamic society which is so necessary particularly in Austria considering the fact that „middle-class society" in this coun-

len natürlichen Ereignisraum transzendieren, am besten charakterisierbar. Die Bildwelten der virtuellen Realitäten verlassen den realen Raum wie auch die avancierte Architektur den realen Raum zu überwinden trachtet. Dekonstruktive antigravitationelle Architektur, die gegen das Gefängnis der Schwerkraft und des Raumwürfels kämpft, korrespondiert also optimal mit den elektronischen Medien, die ebenfalls den Raum durchdringen, perforieren, erweitern, transformieren. Die belebten Bildwelten der interaktiven Computer-Installation und die bewegliche dekonstruktivistische Architektur vernetzen einander. Coop-Architektur und Cyberspace bilden gemeinsam ein dynamisches System, variable Zonen der Visibilität, und korrespondieren mit den variablen Positionen des Subjekts in den virtuellen Realitäten. Bildkünstler und Baukünstler unterstützen sich gegenseitig in ihrer Arbeit, in ihren Strategien der Dislokation und Absenz.

Kogler und Schlegel operieren mit (den Grenzen) der visuellen Lesbarkeit des Raumes. Eva Schlegel entwickelt ihre Arbeit direkt und zusammen mit den Architekten für die Erfordernisse der Architektur. Ihre Fassadengestaltung mit Schriftbildern, die nicht literarisch, sondern nur visuell lesbar sind, erzeugen variable optische Felder, staffeln den visuellen Raum in Schichten. Das Schweigen der Schrift betont die Präsenz der Absenz. Peter Koglers Tapeten, die auf die bestehende Bausubstanz geklebt werden, heben ebenfalls optisch die eindeutigen Raumgrenzen auf. Nähe und Ferne, Hintergrund und Vordergrund werden zu einem variablen Vexierspiel; der Raum wird zu visuellem Schaum, die Wände flimmern, schwirren, verschwinden und bleiben, sind abwesend und anwesend. Sie schaffen dadurch einen Übergang von der visuell beweglichen Architektur zu den lebensähnlichen Bildwelten des Cyberspace.

Die Projekte von Kriesche, Ruhm/Sandbichler und Schnell setzen sich mit dem Informations- und Datenraum und mit der Präsenz des imaginären Raumes auseinander. Auch sie variieren zwischen sichtbaren und unsichtbaren Zonen. Richard Kriesche übersetzt mit seiner Datenschiene den immateriellen Datenraum direkt in den materiellen Architekturraum. Der Datenstrom der globalen Netzwerke, auf dem Bildschirm sichtbar, bewegt Impuls für Impuls die Schiene, auf der sich der Monitor befindet, weiter, sodaß die virtuelle Durchlöcherung, Perforierung des realen Raumes durch die telematische Informations- und Kommunikations-Technologie zu einer realen Durchdringung wird. Die Schiene durchstößt real die Wand des Pavillons.

Constanze Ruhm und Peter Sandbichler vernetzen die Welt des Daten- und Kabel-Kanals mit den realen Wasser-Kanälen Venedigs. Ein imaginärer Knoten durchdringt den Hoffmann-Pavillon. An den Schnittstellen zwischen virtuellem Knoten und realen Wänden kann der virtuelle Körper des Beobachters mit Hilfe einer virtuellen Kamera eine virtuelle Reise in das Innere dieser Knotenkanäle unternehmen, eine Geistreise in die vollkommen imaginären Landschaften der telematischen Infobahnen, der von Satelliten gesendeten TV-Bilder, welche die Textur für das Innere der (TV-)Kanäle bilden.

Ruth Schnell liefert ein klassisches Schnittstellen-Konzept zwischen realer Architektur (des Hoffmann-Pavillons) und imaginärer Architektur, in der sich hauptsächlich virtuelle Architektur-Elemente des Visionärs Friedrich Kiesler befinden, der exiliert ist, während Hoffmann als ein Mitläufer des Austrofaschismus in Österreich zu Ehren kam. Dislocation wird politisch als Exil interpretiert. Eine Leinwand bildet die Schnittstelle zwischen Realraum und Cyberspace. Eine virtuelle Kamera bewegt sich spiralförmig über die virtuelle Architektur-Landschaft. Der Körper des Beobachters wird von einer Videokamera aufgenommen und sein Umriß auf der Leinwand dient als bewegliches Fenster, durch das der Beobachter Einblick in die imaginäre Architektur gewinnen kann, die da ist, wo er nicht ist, dort wo es keinen Ort gibt (Atopie, Utopie).

Insgesamt entsteht durch diese technisch und konzeptuell neuartige, interdisziplinäre Kovarianz und Konvergenz von Bildkunst und Baukunst, wo sich Baukunst und Bildkunst gegenseitig bedingen, durchdringen und ergänzen, ein gebautes multimediales Netzkunstwerk.

try and the middle-class subject was never properly able to loose itself from the State and the greatest desire of the subject was to serve as a civil servant.

„The borders of outside and inside have been eliminated; what was once outside now becomes inside and vice versa, nothing remains in its usual place. The dispersal of the idea of a three-dimensional spatiality with its traditional physical laws such as gravity or material substance is transformationally effected in motion halted for a split second, in a motion picture still. Speed, the elimination of space and time, and subversive undermining of social structures are the characteristics that are commonly termed the democratic potential of the electronic network.“ (19). The classic image concept has been drastically transformed by interactive computer installations and telematic networks, as has also the classic concept of space by deconstructivist architecture. „Architecture begins beyond the realm of space“ say Coop Himmelb(l)au. If what we are looking at is an architecture that defines itself as being beyond the sphere of static space, then a correspondent art must equally define itself as being beyond the realm of the static image or static sculpture. The image media that actually do this are the electronic media. Electronic art, above all interactive computer installations, begin beyond the scope of the image. So what is primarily involved is not an exhibition of electronic media but rather the relationship between architecture and art. But this relationship, at its most advanced stage, is best characterised by the electronic and telematic media that transcend the local natural event space. The visual worlds of virtual realities depart from real space just as advanced architecture seeks to overcome real space. Deconstructivist anti-gravitational architecture battling against the confines of gravity and the spatial cube thus corresponds perfectly to the electronic media equally seeking to penetrate, perforate, expand and transform space. The animated visual worlds of interactive computer installations and mobile deconstructivist architecture network each other. Coop architecture and cyberspace together represent a dynamic system, variable zones of visibility and correspond to the variable positions of the subject in the virtual realities. Representational artists and constructional artists support each other in their work. Kogler and Schlegel work with the (borders of) the visual legibility of space. Eva Schlegel develops her work to fit the demands of architecture directly and together with the architects. Her facade design with scripts that can be read not literarily but rather only visually, create variable optical fields and graduate visual space in layers. Peter Kogler's wallpapers pasted on existing building fabric also optically do away with clear-cut spatial boundaries. Vicinity and distance, background and foreground become a variable picture puzzle; space becomes visual foam, the walls flicker, buzz, disappear and remain, are both absent and present. In this way they create a transition from constructional art to representational art, from visually mobile architecture (the flying roof, the transparent and opaque glass surfaces) to the life-like visual worlds of cyberspace. Projects by Kriesche, Ruhm/Sandbichler and Schnell deal with the information and data space and with the presence of imaginary space. They too vary between visible and invisible zones. With his data

ANMERKUNGEN / ANNOTATIONS

1) zitiert nach: Malewitsch-Mondrian. Konstruktion als Konzept (Alexander Dorner gewidmet). Kunstverein Hannover, 1977, S.2 f.

2) Theo van Doesburg, De-Stijl Heft Nr. 87/89, 1928.

3) Ivan E. Sutherland, The Ultimate Display, Proceedings of the IFIP Congress, 1965, S.506-508.
Ivan E. Sutherland, A Head Mounted Three Dimensional Display. Fall Joint Computer Conference, Washington D.C., Thompson Books, 1968, S.757-764.
Ivan E. Sutherland, Facilitating the Man-Machine Interface. In: H.v. Foerster et al (Hrg.), Purposive Systems, Spartan Books, N.Y. 1968, S.127-140.
James H. Clarke, 3-D Design of Free B-Spline Surfaces. Defence Advanced Research, Projects Agency University Utah, 1976.
John Walker, Through the Looking Glass. Autodesk Internal Paper, 9-1-88.
Michael Benedikt (Ed.), Cyberspace: First Steps. MIT Press, 1991.
Florian Rötzer, Peter Weibel (Hrg.), Cyberspace. Boer Verlag, München 1993.

4) Norbert Wiener, Kybernetik. Econ Verlag, Düsseldorf und Wien, 1963.
C.R. Evans, A.D.J. Robertson (Hrg.), Cybernetics. Butterworths, London 1968.

5) Jonathan Crary, Techniques of the Observer. MIT Press, Cambridge 1990.

6) zitiert nach Helmut Weihsmann, Cinetecture. Film, Architectur, Moderne. PVS Verleger, Wien 1995, S.77 u. S.78.

7) Steven Lubar, InfoCulture. The Smithonian Book of Information Age Inventions. Houghton Mifflin Company. Boston 1993.

8) Zitiert nach Aaron Betsky, Violated Perfection. Architecture and the Fragmentation of the Modern. Rizzoli, N.Y. 1990, S.188.

9) 1989 fand in Karlsruhe das 1. Symposium über „Intelligent Buildings" statt. 1994 widmete ich als künstlerischer Leiter die Ars Electronica dem Thema „Intelligente Ambiente", Band 1 und 2, PVS Verleger, Wien 1994.

10) Peter Weibel, Virtuelle Architektur. In: Chaos, Programmheft 2/89. Graz, steirischer herbst 1989, S.5-8.

11) Toyo Ito. In: Arch+, Nr. 111, Aachen 1992, S. 42. Siehe auch Toyo Ito, Architektur in einer simulierten Stadt. In: Peter Weibel (Hrg.), Intelligente Ambiente, Band 1, PVS Verleger, Wien 1994, S.84-91.

12) Mark C. Taylor, SIMCIT. In: Intelligente Ambiente, Band 1, PVS Verleger, Wien 1994, S.68-83.

13) Zitiert nach „Arch+", Nr. 111, Aachen 1992, S.62.

14) Leonardo Mosso, Programmierte Architektur. Studio di Informazione estetica. Vannis Scheiwiller, 1969, Mailand.

15) Interview mit Peter Eisenman von Selim Koder. In: Intelligente Ambiente, Band 1, PVS Verleger, Wien 1994, S.44-45.

16) In: Domus, Mailand, Jänner 1992, S.17-24. Ebenso in: Peter Weibel (Hrg.), Intelligente Ambiente, Band 1, PVS Verleger, Wien 1994, S.38-44.

17) Philip Johnson und Mark Wigley (Hrg.), Deconstructivist Architecture. The Museum of Modern Art, N.Y. 1988, (Frank O. Gehry, Daniel Libeskind, Rem Koolhaas, Peter Eisenman, Zaha M. Hadid, Coop Himmelb(l)au, Bernhard Tschumi).
Bernard Tschumi, Architecture and Disjunction, MIT Press, Cambridge, 1994.
Mark Wigley, The Architecture of Deconstruction: Derrida's Haunt, MIT Press, Cambridge, 1993.
Anthony Vidler, The Architectural Uncanny, MIT Press, Cambridge 1992.
Beatriz Colomina, Privacy and Publicity. Modern Architecture as Mass Media, MIT Press, Cambridge, 1994.
Jacques Lucan, OMA. Rem Koolhaas, Verlag für Architektur, Zürich, 1991
Folding in Architecture. Architectural Design. London 1993.

18) vgl. dazu auch: John Frazer, An Evolutionary Architecture, Architectural Association, London 1995.

19) Katharina Gsöllpointner, Architektur und Elektronik. In: Peter Weibel (Hg.): Intelligente Ambiente, Band 1, Ars Electronica. PVS Verleger, Wien1994, S. 35.

track Richard Kriesche translates immaterial data space directly into material architectural space. The data flow from the global networks, made visible on the display, causes the track on which the display is mounted to be moved on impulse by impulse so that the virtual perforation of real space by telematic information and communication technology evolves into a real penetration. The track actually penetrates the wall of the pavilion. Constanze Ruhm and Peter Sandbichler link up the world of the information and cable channel with the real canals of Venice. An imaginary node penetrates the Hofmann pavilion. At the interfaces between virtual node and real walls, the virtual body of the viewer is able to go on a journey into the heart of these node channels with the aid of a virtual camera - a spiritual journey into the totally imaginary landscapes of telematic data highways, TV images transmitted by satellite that go to make up the texture for the interior of the (TV) channels.

Ruth Schnell creates a classic interface concept between real architecture (the Hofmann pavilion) and imaginary architecture chiefly occupied by virtual architectural elements of the visionary Friedrich Kiesler who has been exiled whilst Hofmann was highly honoured as a fellow traveller of Austro-fascism in Austria. Dislocation is interpreted politically. A canvas is the interface between real space and cyberspace. A virtual camera spirals across the virtual architectural landscape. The body of the viewer is recorded by a video camera and his outline on the canvas serves as a movable window through which the viewer can gain an insight into the imaginary architecture that is actually there where he is not, where there is no location (atopia, utopia).

Altogether, what is created by this technically and conceptually novel, interdisciplinary covariance and convergence of representational art and constructional art, in which representational art and constructional art are mutually dependent, is a constructed multimedia net-work of art.

COOP HIMMELB(L)AU
WOLF D. PRIX, HELMUT SWICZINSKY

COOP

PAVI

MEDI

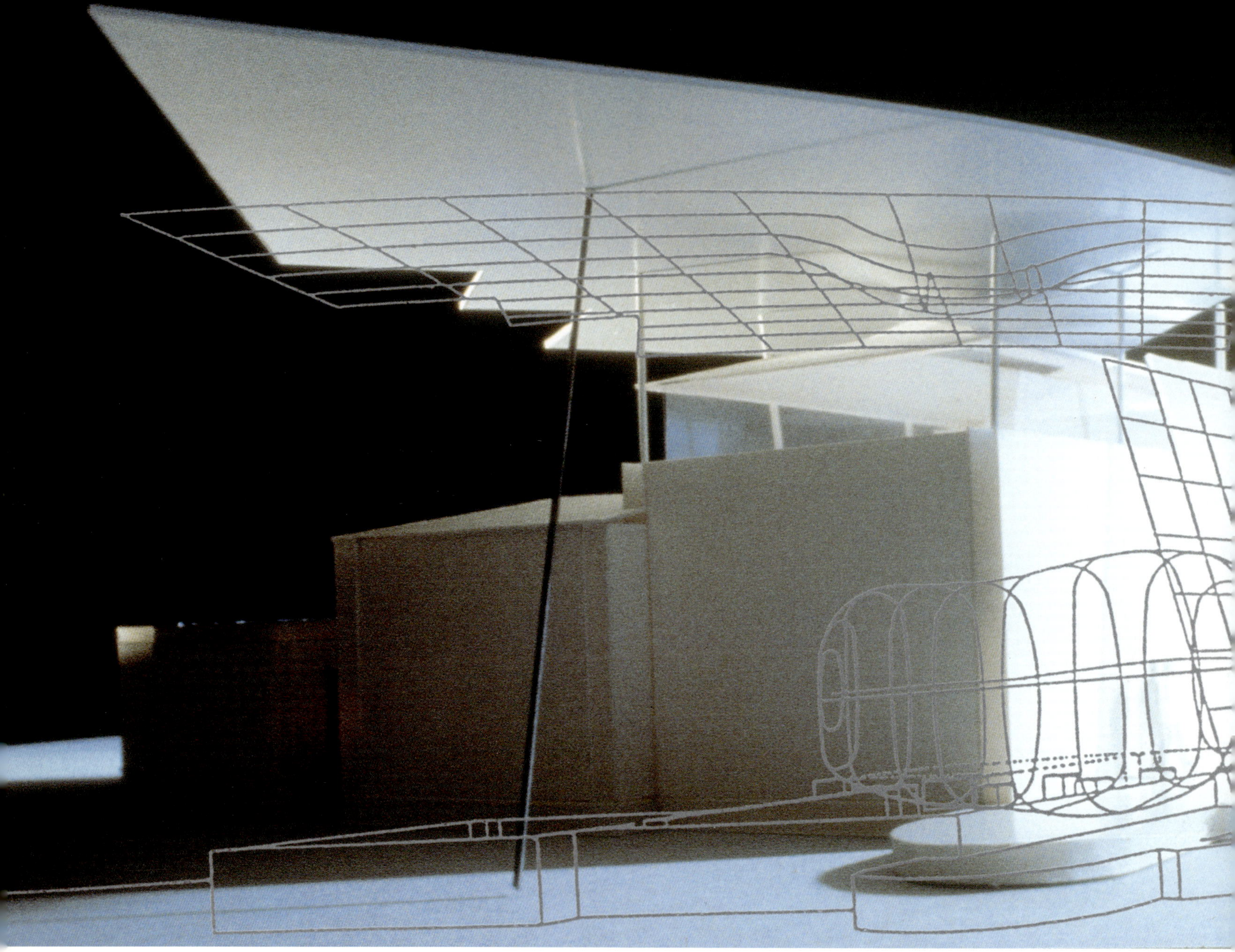

... Aber gerade deswegen ist es notwendig, daß die Architektur der COOP HIMMELB(L)AU den Hoffmann-Pavillon von innen und von der Seite durchdringt, umhüllt und durcharbeitet. So wird Hoffmanns Pavillon gleichzeitig anwesend und abwesend sein. Die COOP HIMMELB(L)AU Architektur arbeitet ja nicht nur mit den drei Raumachsen x, y und z, ihre Architektur liegt nicht und steht nicht nur, sondern sie fliegt auch. Eines ihrer Symbole ist der Flügel. Sie arbeitet auch mit der Zeitachse t. Darüberhinaus ist ihre Ästhetik genuiner Ausdruck einer Veränderung klassischer Auffassungen von Schutz und Transparenz, von Schwerkraft und Gesetz. An ihrer Stelle treten tendenziell Antischwerkraft und Freiheit und vor allem variable Zonen der Visibilität (statt eines homogenen Sichtfeldes) als Ausdruck der Zeit in der Architektur.

... but especially because of this, it is necessary that COOP HIMMELB(L)AU*'s design penetrates the Hoffmann Pavilion from inside out, wraps and passes through. Thus, Hoffmann's pavilion will be simultaneously present and absent.* COOP HIMMELB(L)AU*'s architecture deals not only with the three spatial parameters x, y and z, but also with the fourth dimension of time t. Their architecture is not only lying and standing, but also flying. One of their icons is the wing. Their aesthetic redefines the conventional architectural notions of refuge and transparency, gravity and law, introducing antigravity and freedom to architecture and above all variable zones of visibility (instead a homogenous field of vision) as an expression of a non-classical reality.*

Peter Weibel, March 1995

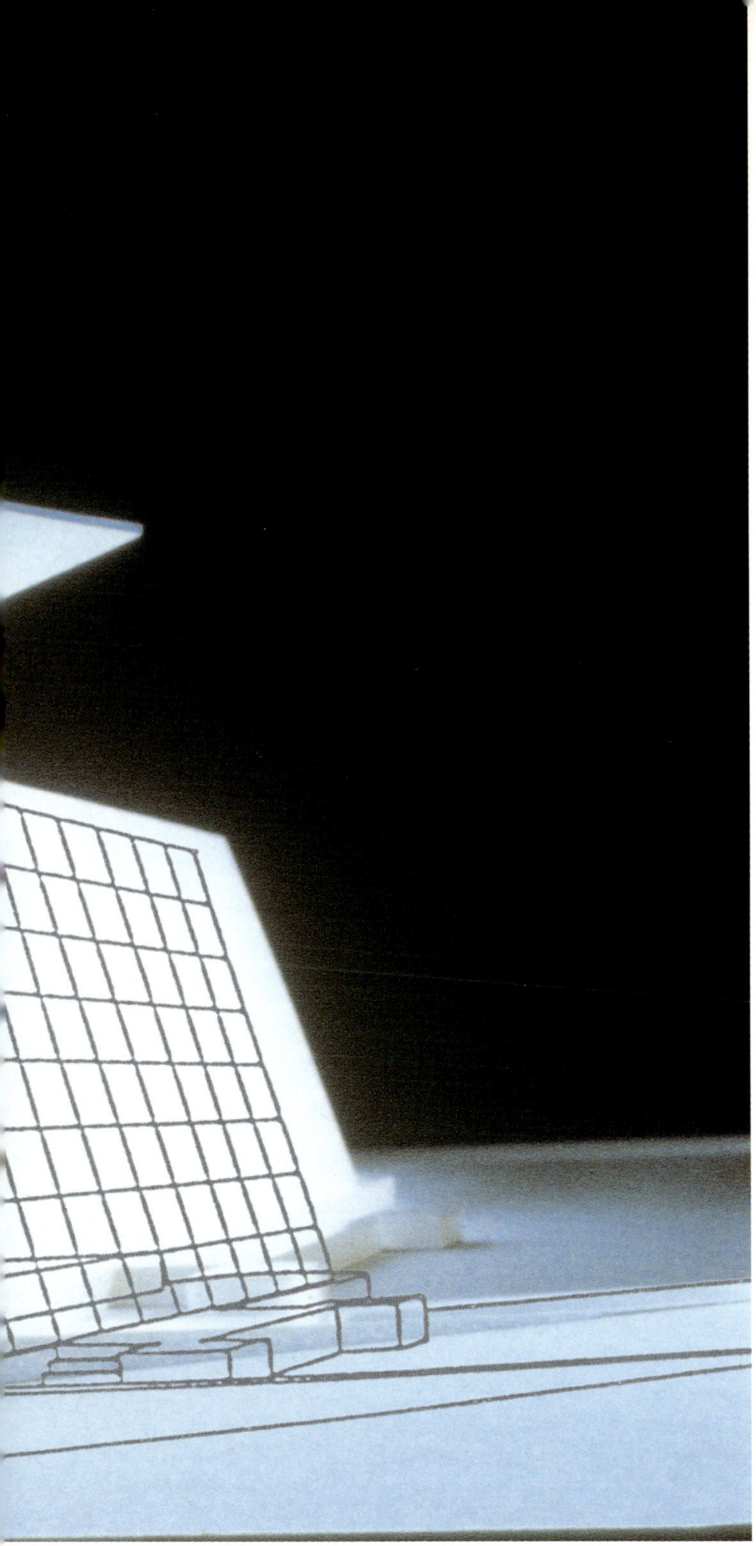

Die Entwicklung der Hülle. Umhüllung.
Die Elemente des neuen Pavillons: Dach, Wand und Raum, entstanden aus der Überlagerung von Bestand und Zeichnung, welche die zukünftige Raumsequenz definieren.
The development of the hull. Wrapping.
The elements of the new pavilion: roof, wall and innerspace, were developed from overlapping the overlappings of existing building and scetch. They will define the future spatial sequence.

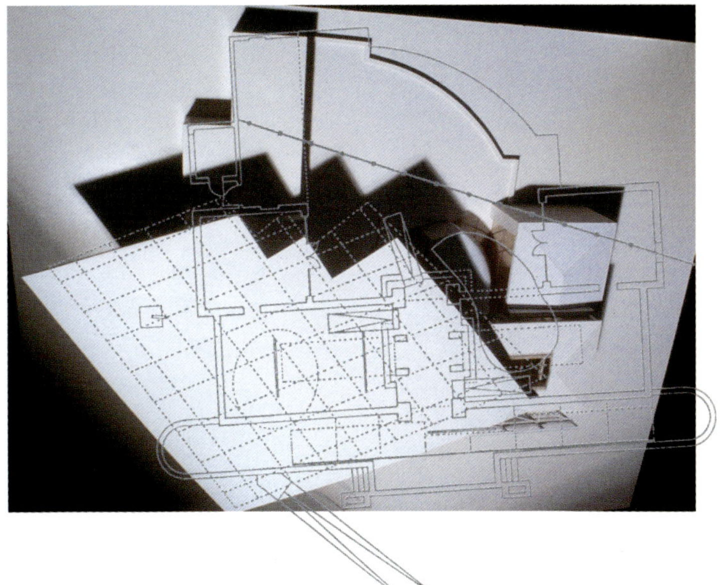

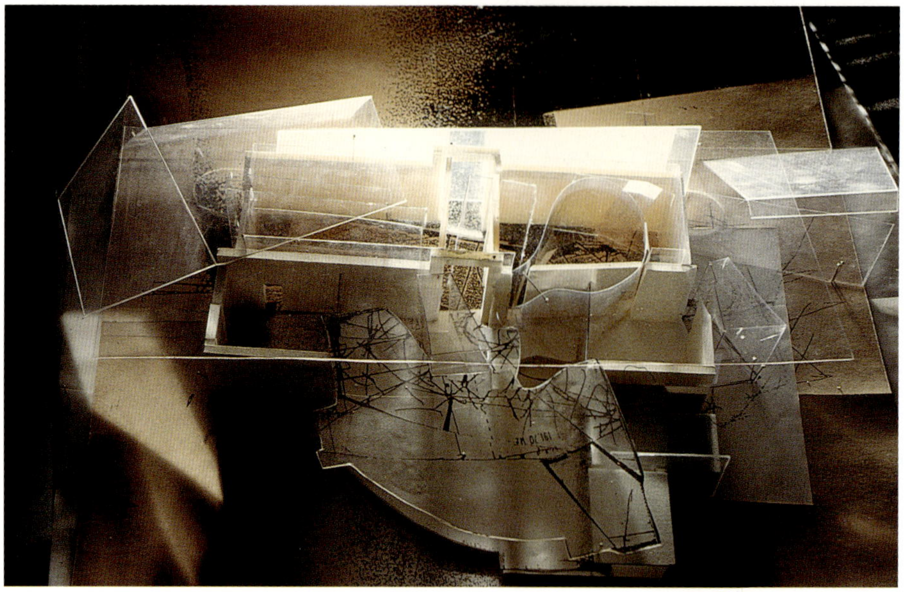

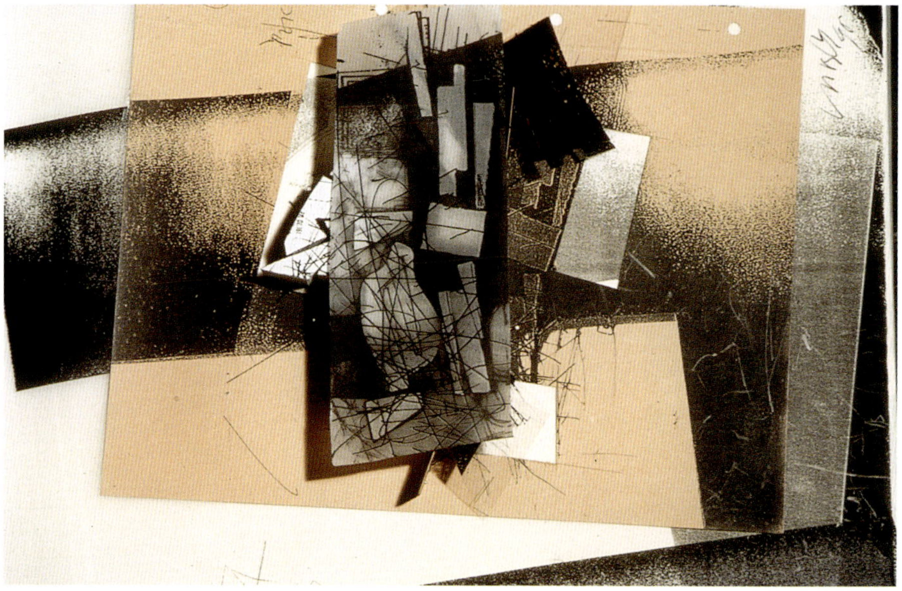

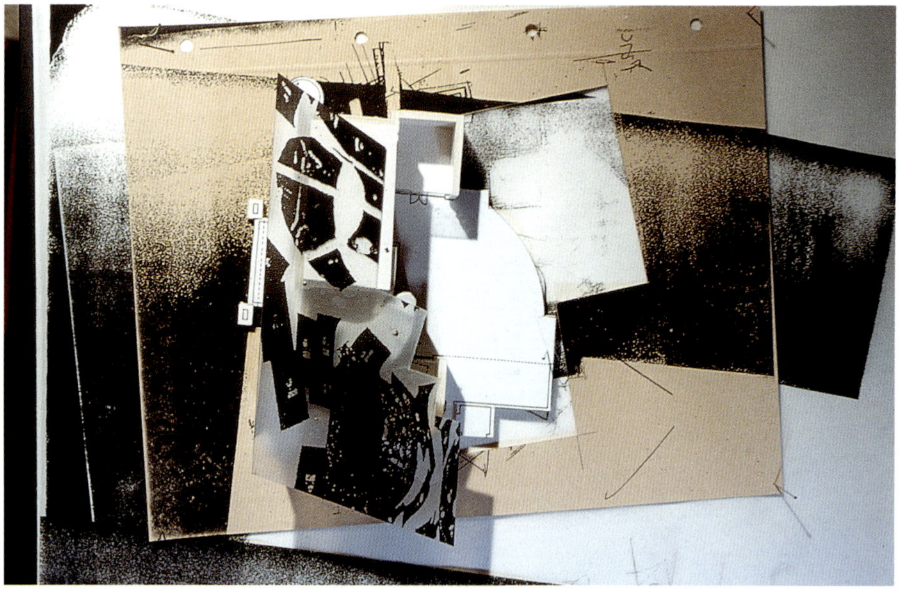

Die Empfindlichkeit von Architektur und Kunst entwickelt sich zu Hülle und Haut, horizontal und schräg - vertikal, Metall und Glas. Der Pavillon der Medien könnte ein Museum sein, wo Kunst und Architektur eingebunden sind in einen fliessenden Raum.

The sensitivity of architecture and art becomes hull and skin, horizontal and vertically slanted, metal and glass. The Media Pavilion is transformed into a museum where art and architecture are integrated in floating space.

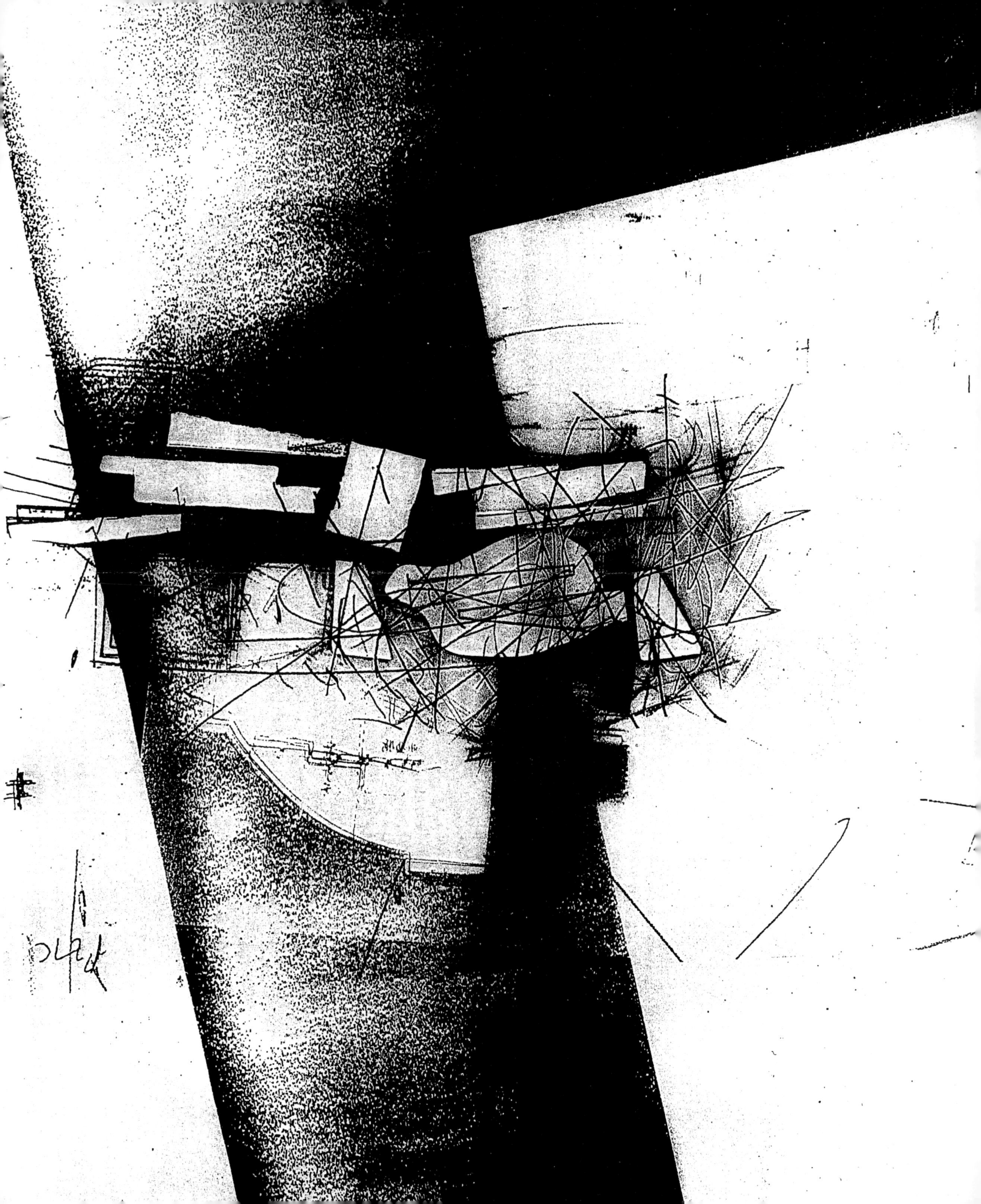

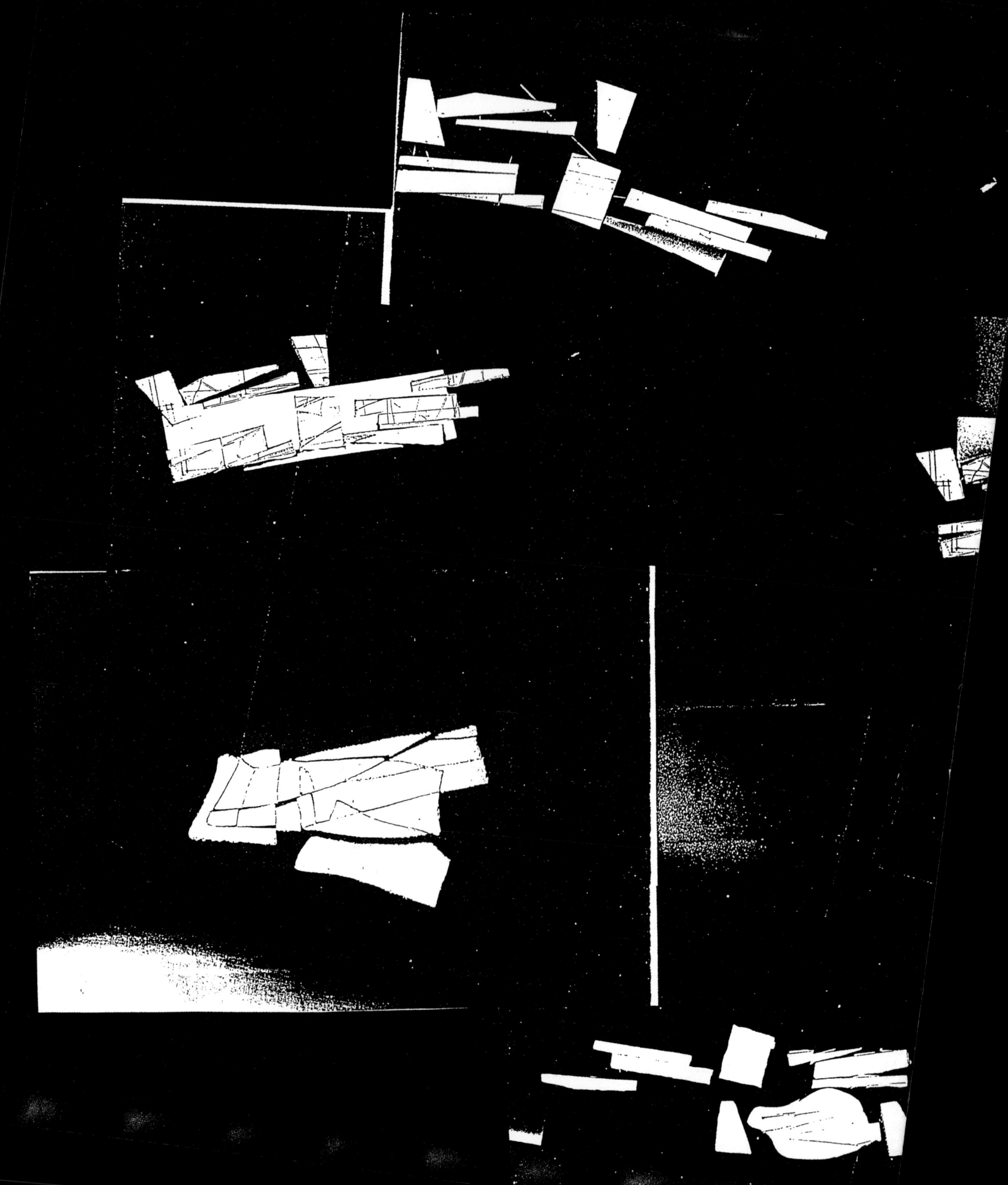

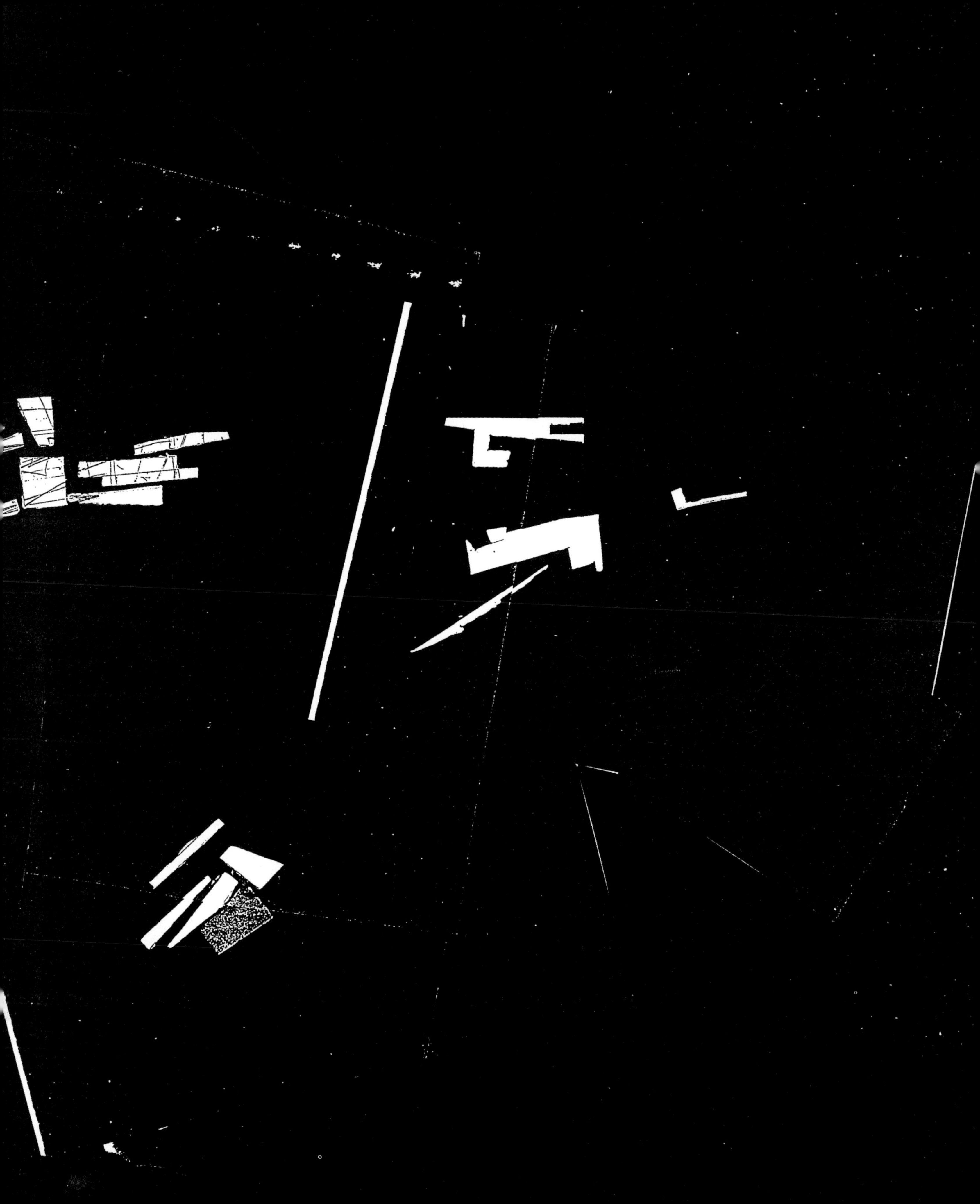

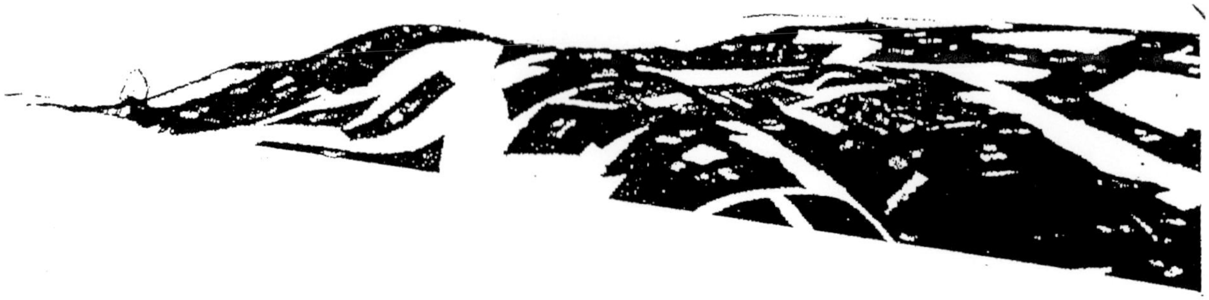

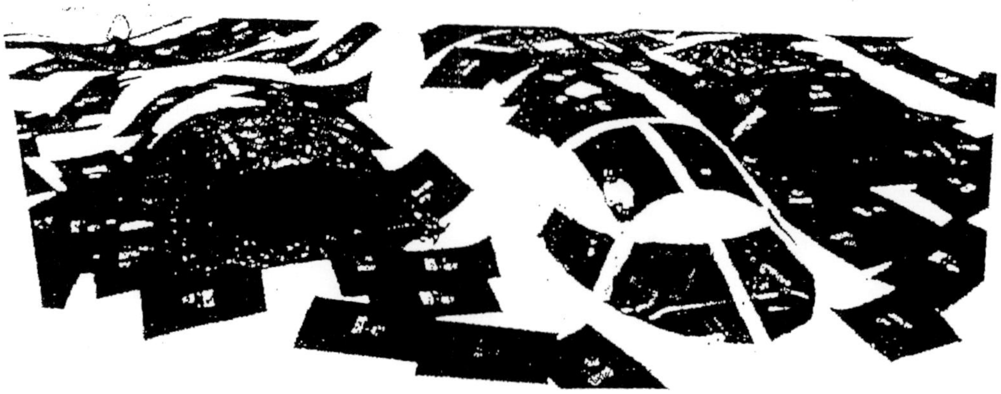

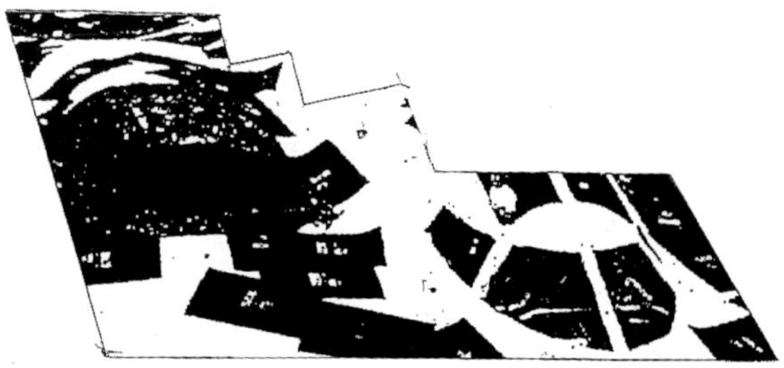

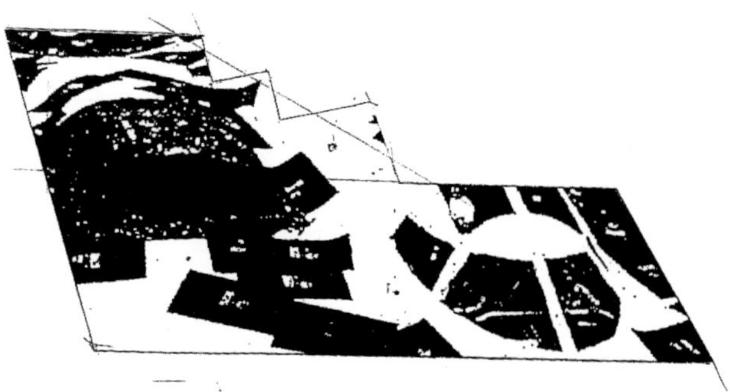

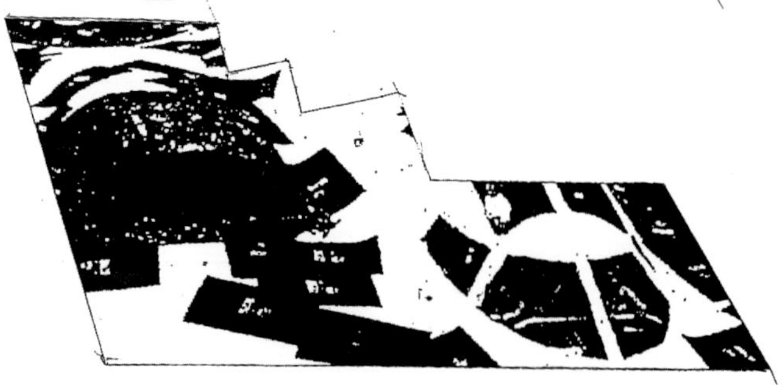

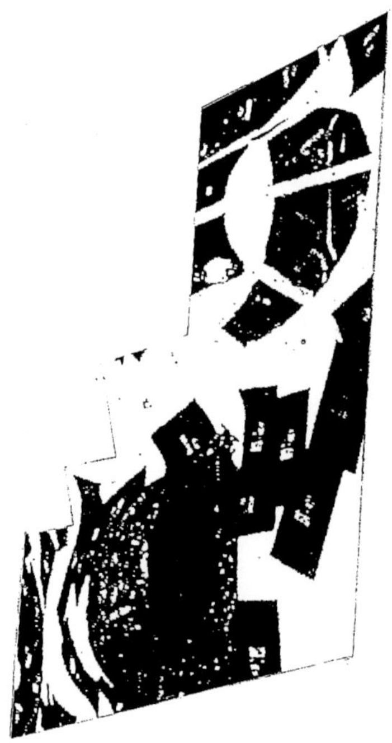

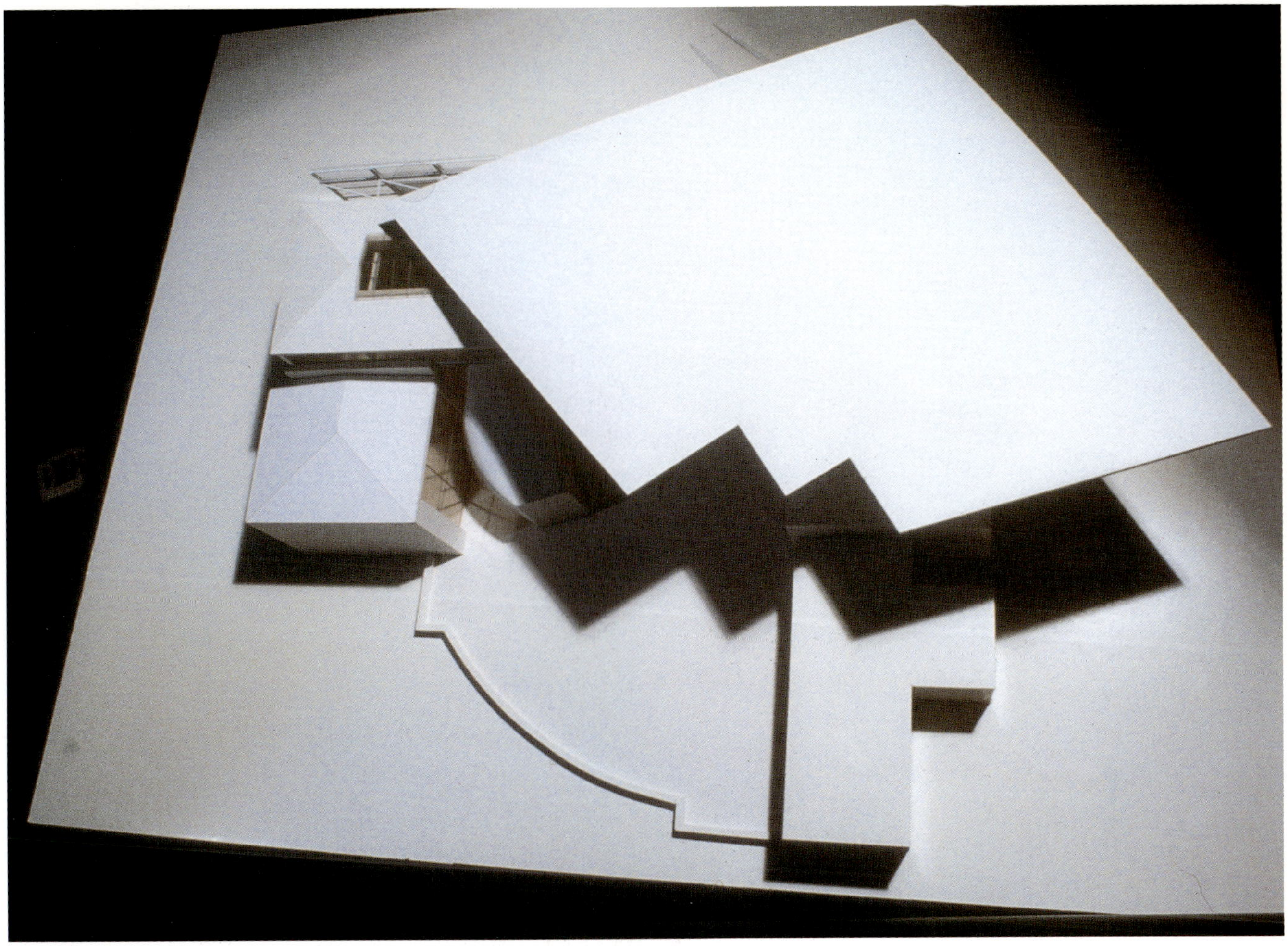

Selbsttragende Tragflügel-Konstruktion. Entlang der Spannungslinien von Entwurfszeichnung und Kraftfluß verformte und vorgespannte Netzhaut aus Stahl und Aluminium
Self-carrying carrier-wing construction. Following the lines of suspension of the drawing sketch and the stream of forces that create a deformed and salient net-skin of steel and aluminium.

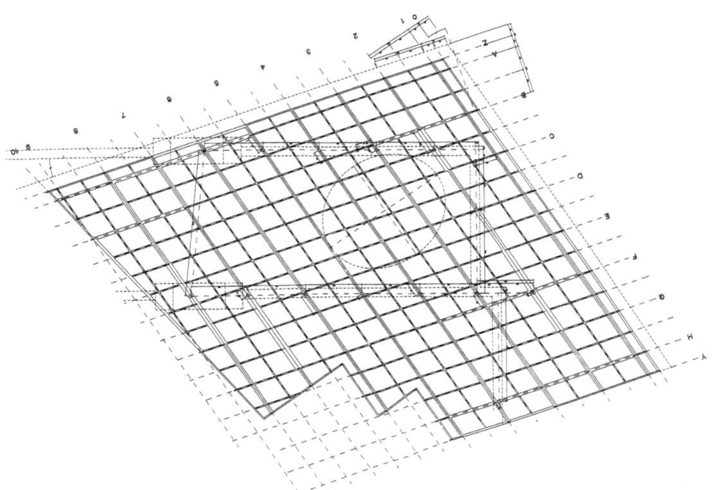

Das Konstruktionsnetz
The Construction-Net

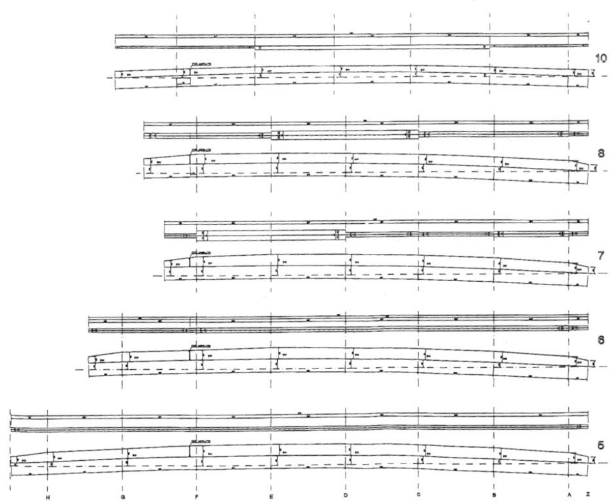

Die formgebende Spanten
The formgiving ribs

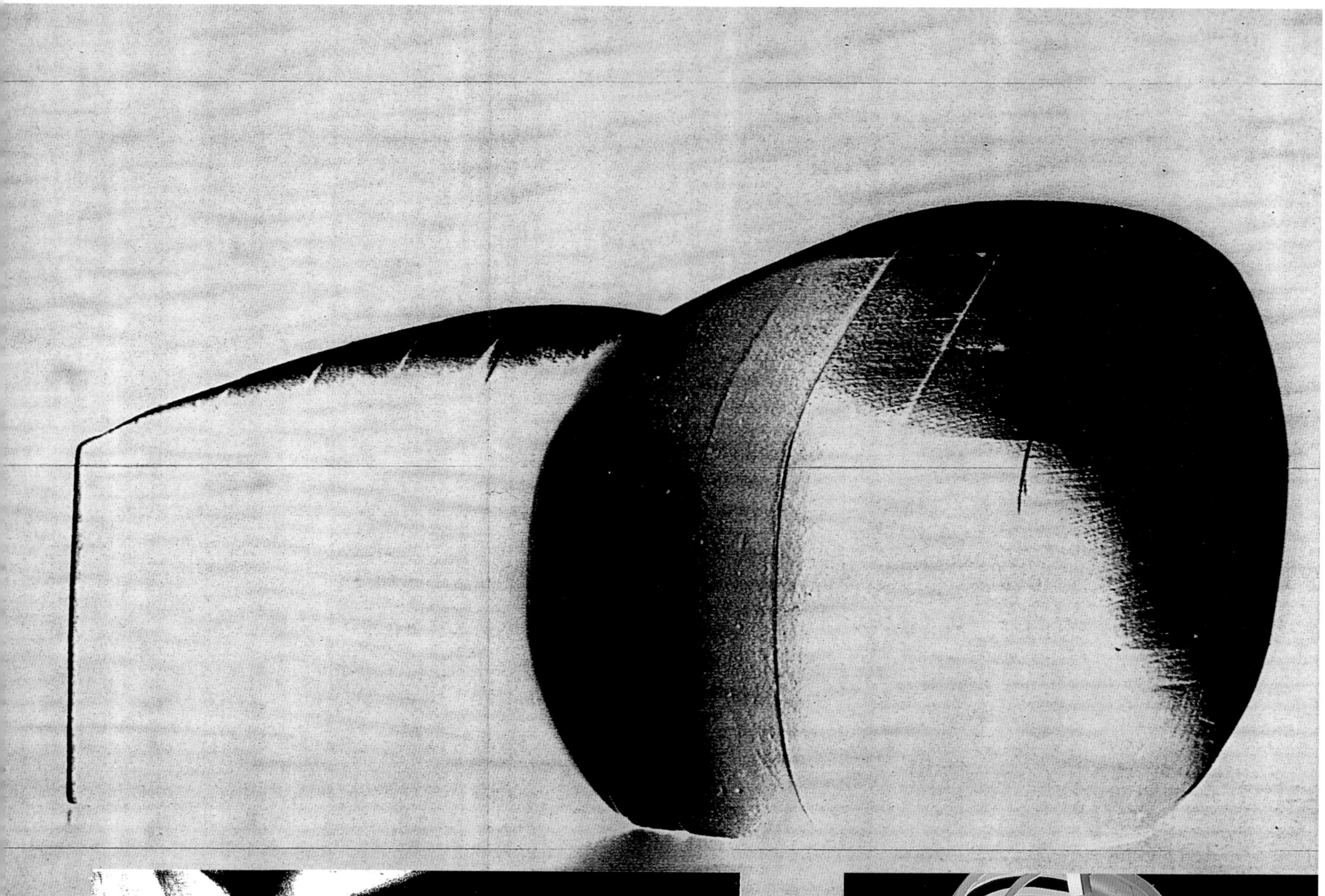

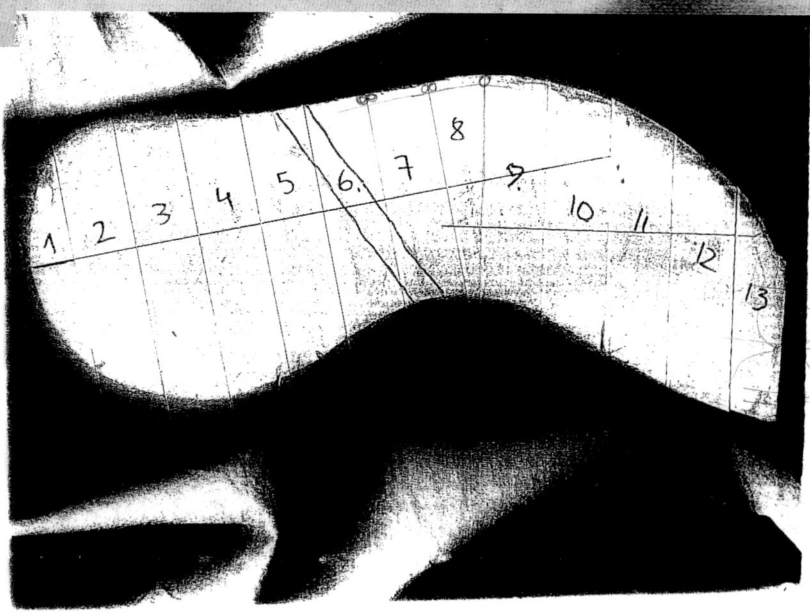

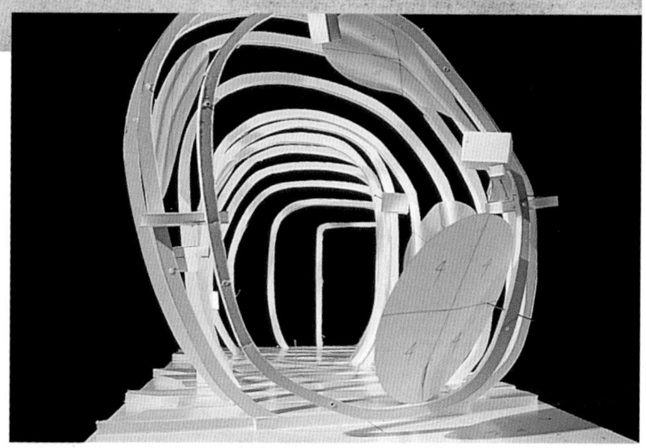

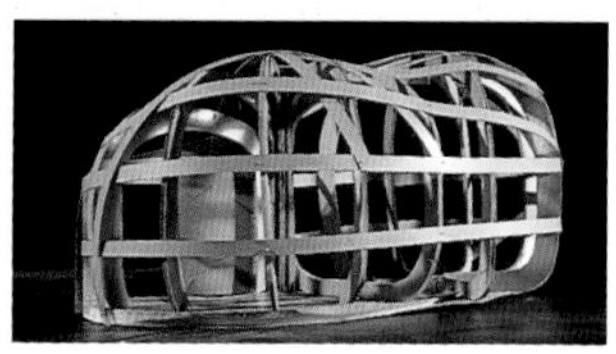

Der Raum
The Innerspace

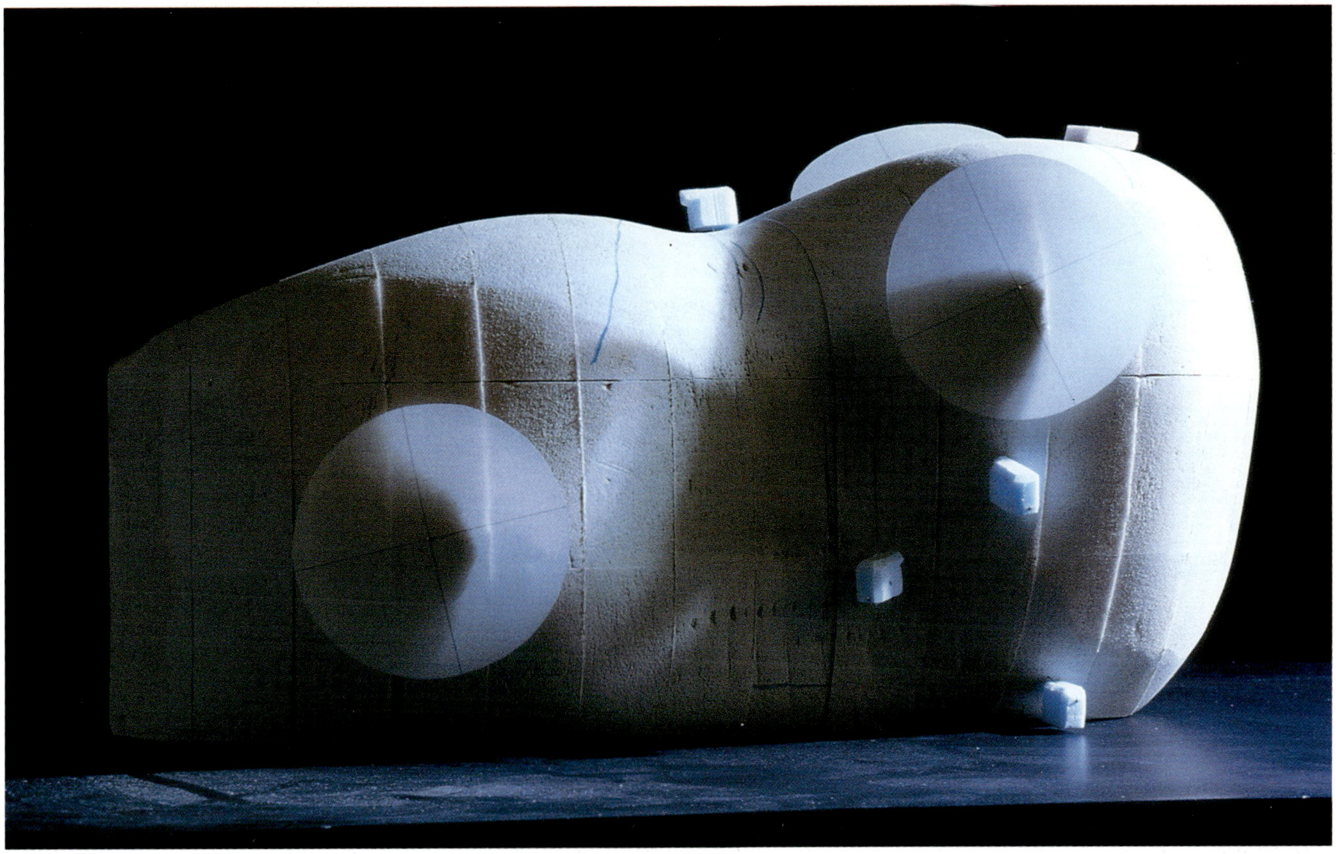

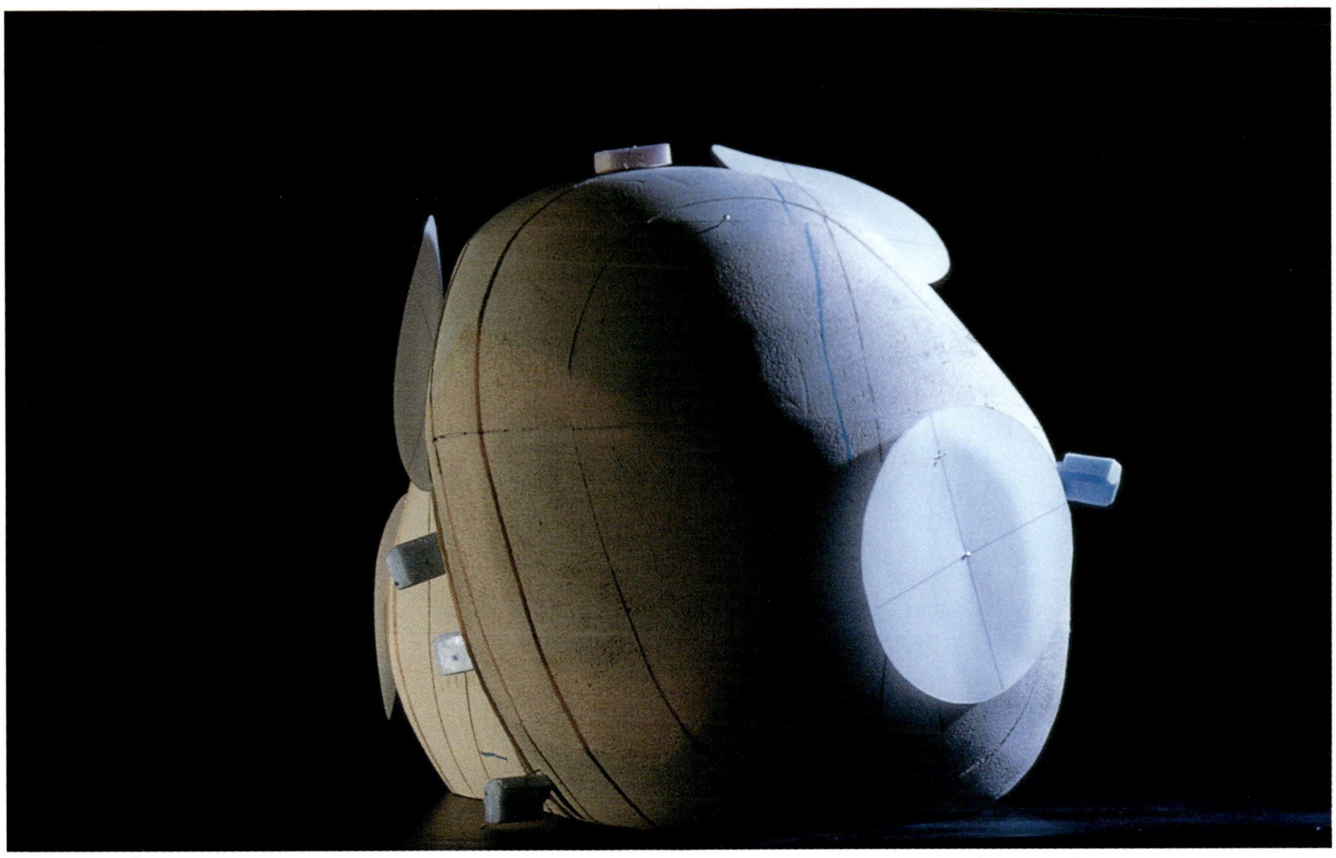

Amorphe, den Gebäudebestand durchdringende Innenraumform zur Darstellung virtueller Außenräume.
Amorphic form of an innerspace penetrating the existing building to visualise the virtual outerspace.

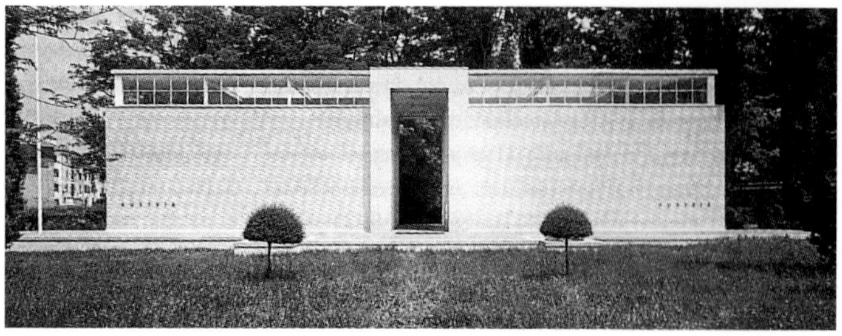

Der Pavillon nach der Restauration, 1988
The pavilion after reconstruction, 1988

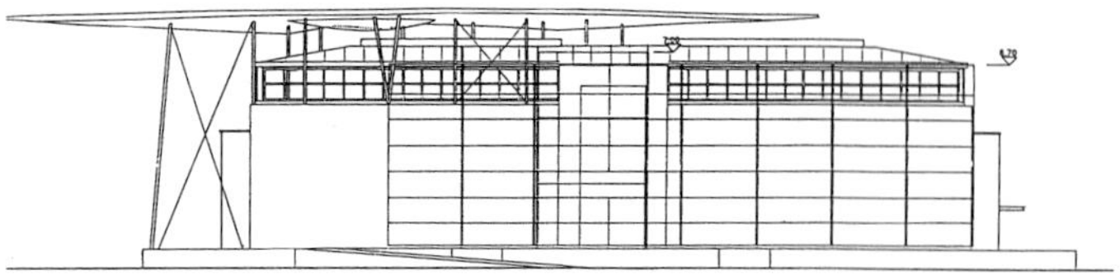

Ansicht
Elevation

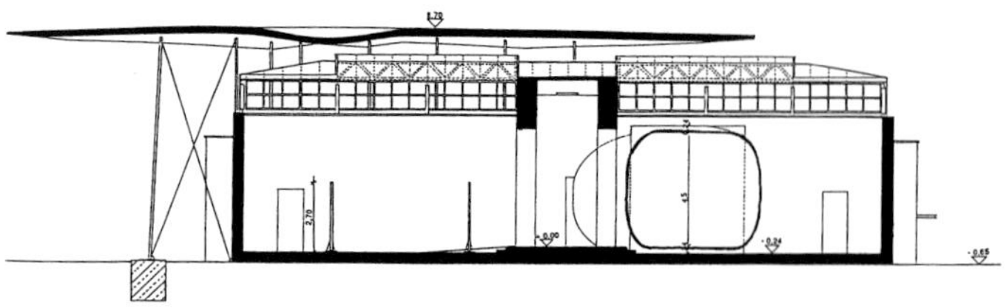

Längsschnitt
Longitudinal section

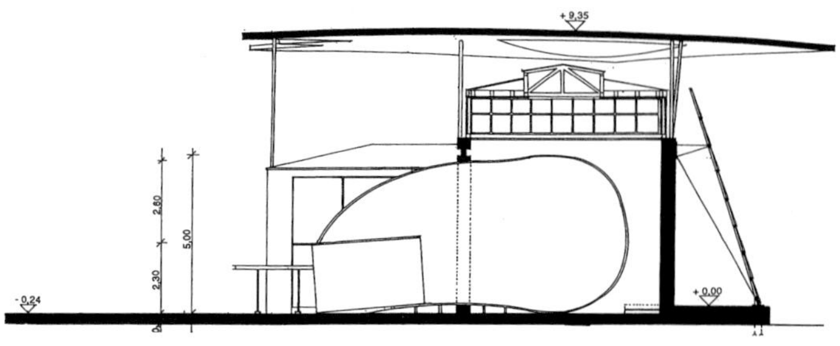

Querschnitt
Transverse section

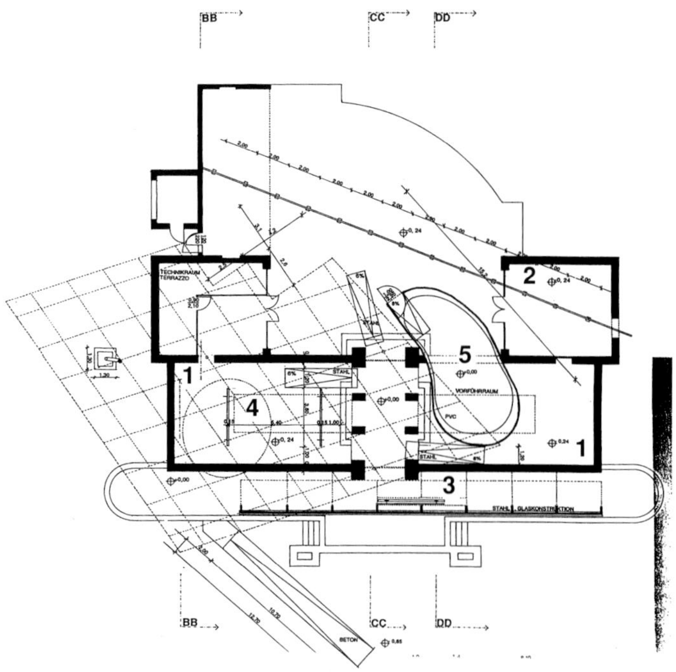

1 Peter Kogler
2 Richard Kriesche
3 Eva Schlegel
4 Ruth Schnell
5 Constance Ruhm
Peter Sandbichler

Grundriß
Ground-plan

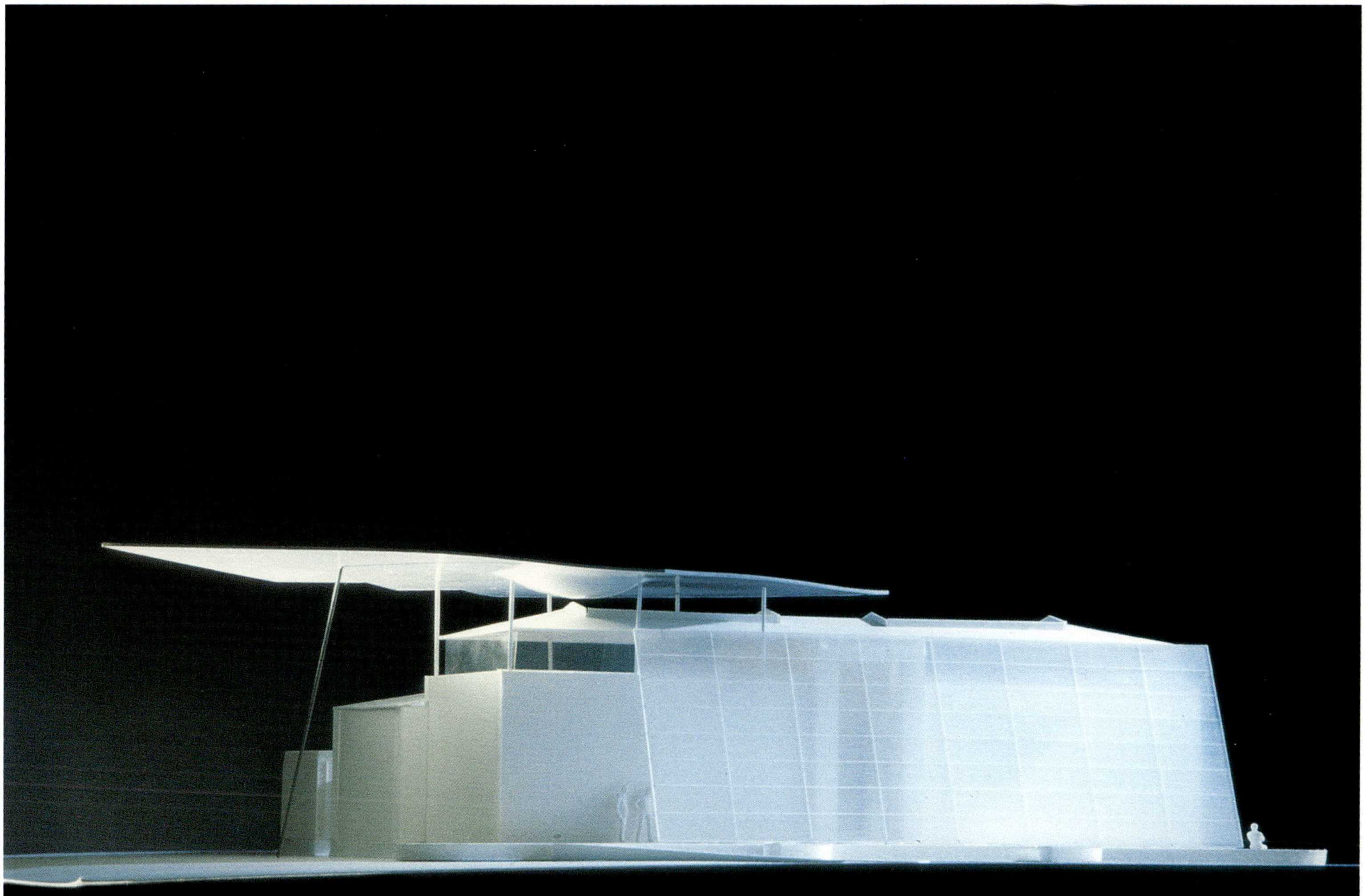

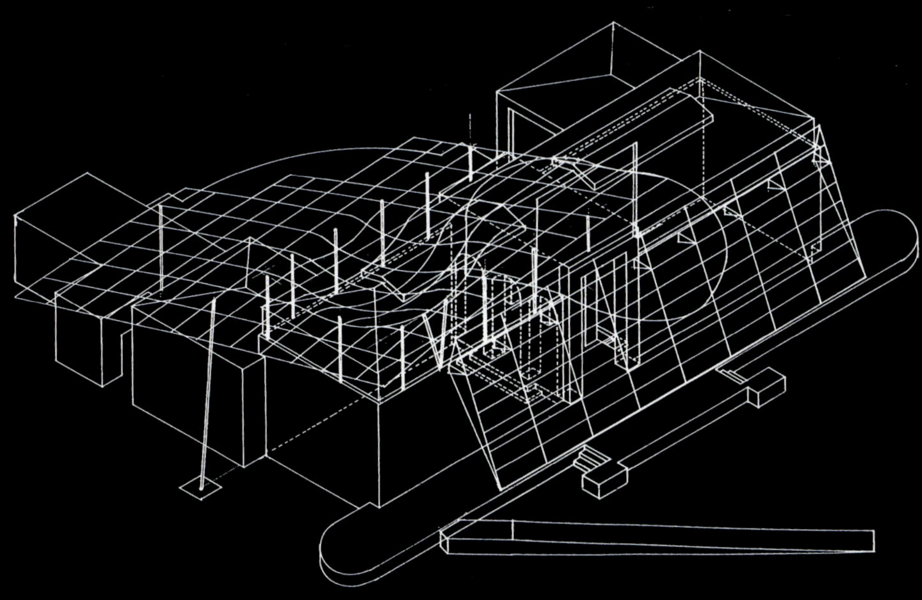

COOP HIMMELB(L)A

Swiczinsky gegründ

unc … 3 wu

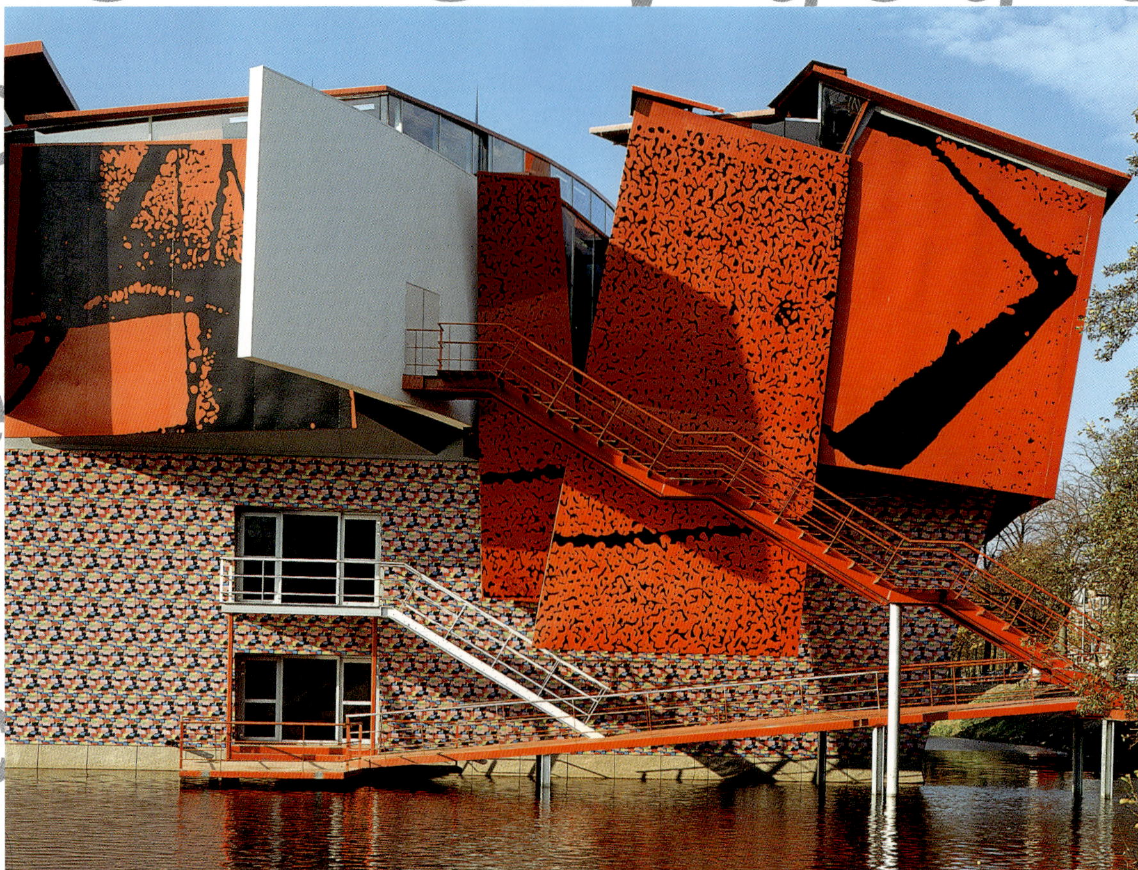

Museum Groningen East Pavilion, Groningen, 1993

Die … OO

In- … rtre

Arc … Muse

Ku … Basel, der

Gallery in New York und

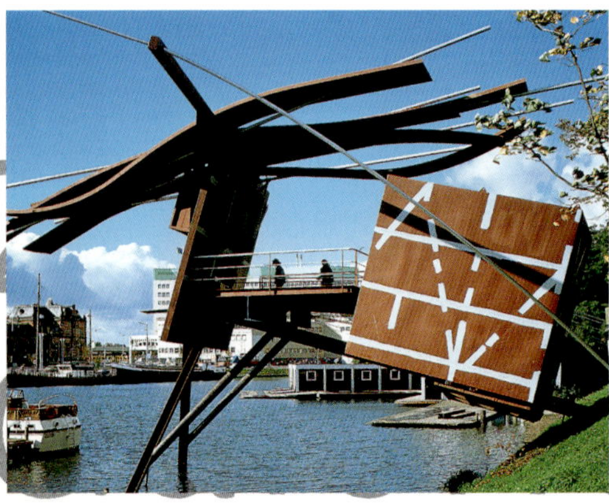

Video-Clip Folly, Groningen 1990

… ungen und Mod

… en wie etwa de

Architekturmuseum in D

J wurde 1968 in Wien
t und arbeitet seither
de Ar

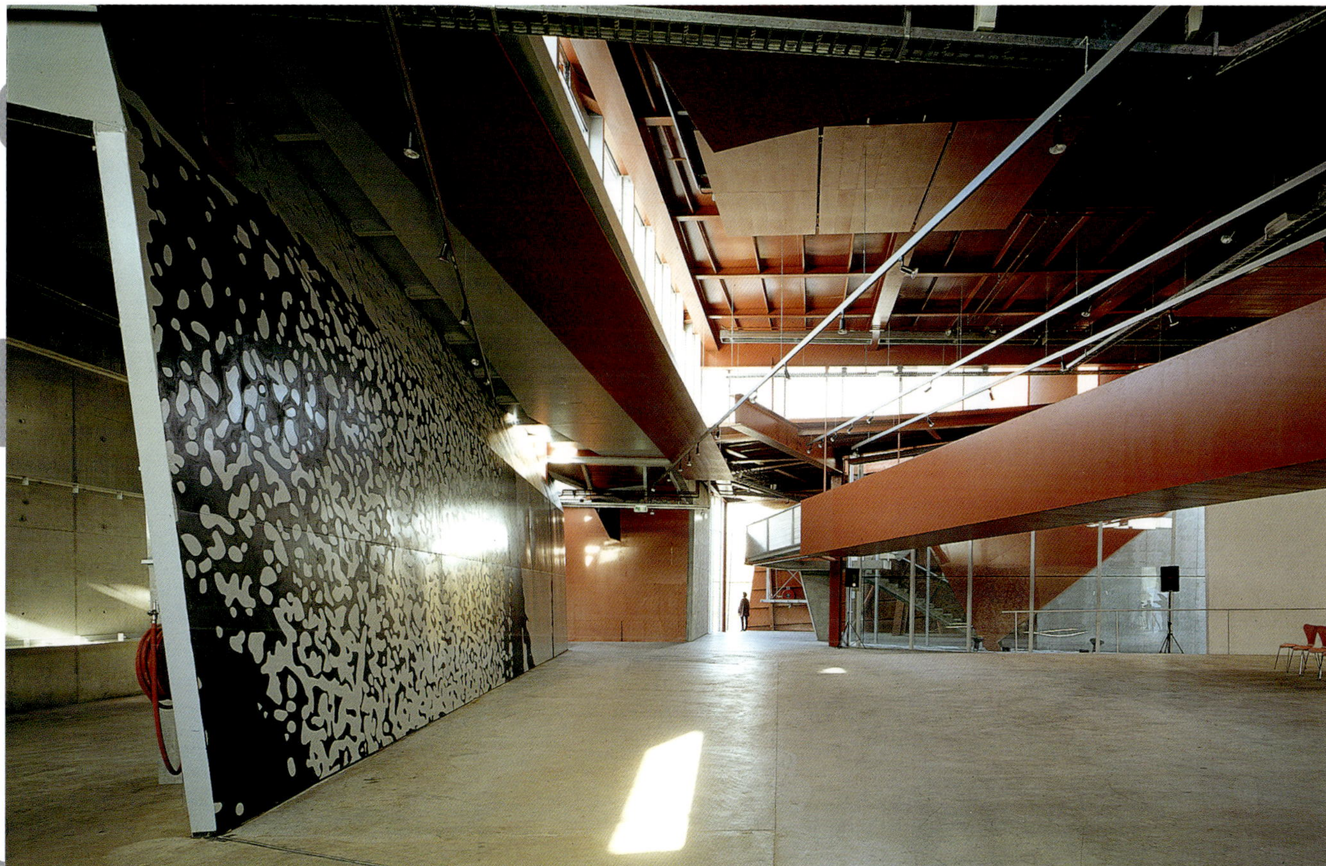

Museum Groningen East Pavilion, Groningen 1993

HI er
en, in
um ew
edes Galerie Berlin, de
m Centre George

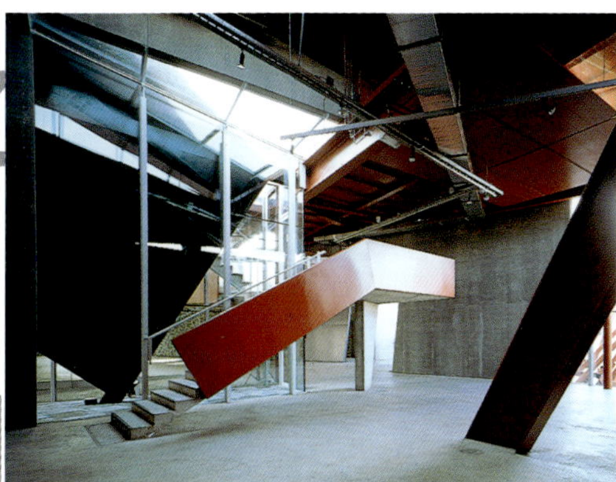

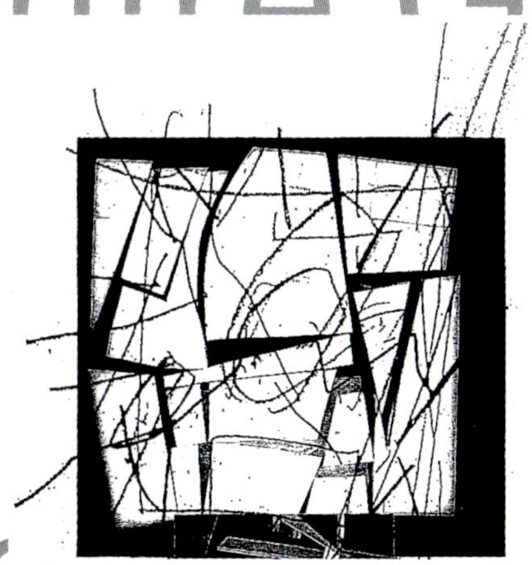

nden n der
n Centre Georges Po

COOP HIMMELB(L)AU	**Wolf D.Prix + Helmut Swiczinsky + Partner III**
Projekt Architekt / Koordination *Project Architect I Management*	Markus Pillhofer Gerhard Rieder
Mitarbeiter *Coworkers*	Veronika Felder Ben Jourdan Stefan Fussenegger Martin Mostböck Mark Myndl Ekkehard Rehfeld Tom Wiscombe Tanja Widmann

Bauherr *Client*
Bundesministerium für Wissenschaft,Forschung und Kunst:
Bundesminister Dr.Rudolf Scholten, Magister Gertraud Auer

Biennale Komissär *Commissioner*
Peter Weibel

Generalunternehmer,Bauarbeiten *General Contractor*
Ilbau GesmbH : Herbert Fercher, Laura Flechl, Karl Soravia

Statik *Structural Engineer*
Oskar Graf, Ivan Klein

Stahlbau und Glas *Steelwork and glass*
Metallbau Treiber KG : Peter Gatter, Dietmar Markusch

Ausstattung *Equipment*
Peter Raich, Firma Tüchler

Biennnale Koordination *Coordination*
Claudia Cavallar

Architekten in Venedig *Local Architects*
Carlo Palazzolo, Elena Zoppi

Baufirma in Venedig *Local Contractor*
L´ Ambiente: Sig. Bernardo, Sig. Pitteri

Photos, Layout *Photografer, Layout*
Markus Pillhofer, Tom Wiscombe

Unser besondrer Dank gilt allen Künstlern
Special thanks also to all the artists

PETER KOGLER

MODULE

KOGLER

PETER KOGLER
ODER DIE VISUELLE LESBARKEIT DES RAUMES

Von Beginn der 80er Jahre an hat Peter Kogler eigenständige Transformationen des Bildbegriffs und des Bildraums entwickelt. Die konzeptuellen Erfahrungen der Pop-Art der 60er Jahre im Umgang mit den Massenmedien, mit der Idee des Seriellen und mit neuen Reproduktions-Technologien hat er aufgegriffen und zur Idee des Moduls weiterentwickelt. Computergenerierte Bilder multipliziert er im Siebduckverfahren und verarbeitet sie zu Wand-Tapeten. Er greift dabei hauptsächlich auf drei Tropen- bzw. Bildfiguren zurück: Rohr, Ameise, Gehirn. Diese Module verbindet die visuelle Struktur des Systems, der Vernetzung und Verschaltung. Die neuronalen Netzwerke des Gehirns, die Verbindungsgänge des Ameisenhaufens und die Installationsröhren bilden visulle Analogien für die postindustrielle Welt der dichten Informationsverarbeitung, der Massenmedien und telematischen Kommunikationstechnologie. Die Erzeugung eines Moduls auf dem Bildcomputer, die anschließende Kombination hunderter Module zu Reihen mit Hilfe einer industriellen Ausführung, und schließlich die enorm großwandige und großflächige Applikation der Tapeten-Module im Raum erzeugen ein optisches Rauschen, wo einzelne Raumkriterien wie Nähe und Ferne ins Unscharfe abschwirren, wo die einzelnen Raumschichten wie hinten und vorne ins Vibrieren geraten. Diese Verletzung der natürlichen Hierarchie der Raumschichten wird noch durch das Schichtensystem der Drucktechnik gesteigert. Die Schicht des Rohrsystems wird nämlich nicht auf leeren Grund gedruckt, sondern hat bereits einen mediatisierten Ursprung, startet bereits mit Bildern, die sich ebenfalls der Reproduktionstechnologie verdanken. Die fünf röhrenförmigen Grundmodule (Gerade, Eckstück, T-Stück, Kreuzung und Endstück), die eine visuelle Grundstruktur der Architektur wiederholen, nämlich das Röhrensystem der Installationen, das in den Wänden verborgen ist, werden im Siebdruckverfahren auf vorher gesammelte und auf das Format 60x60 cm zugeschnittene Werbeplakate in schwarzer Farbe aufgedruckt. Dadurch addieren sich die visuelle Raster-Struktur der Werbebotschaften und des Modulsystems zu einem labyrintischen Rohrsystem, das die visuelle Lesbarkeit des Raumes grundlegend zerstört. Diese solcherart aus zwei visuellen Schichten bestehenden Tapetenmodule werden im Inneren des Pavillons, einem vorher aufgezeichneten Raster folgend, auf die vorhandenen Wände und Decken, also auf die historische Bausubstanz, tapeziert. Die zweimal bedruckte Oberfläche auf der gebauten Oberfläche der Wand erzeugt durch die Überlagerungen der visuellen Ebenen einen komplexen und verwirrenden räumlichen Gesamteindruck. Der Raum wird als Bild definiert und die visuelle Lesbarkeit dieses Raumes wird irritiert. Erzielen also die Röhrentapeten als Verweis auf die architektonischen Rohrinstallationen eine Transparenz der verborgenen Variablen der Architektur, so verhüllt und verhindert die Sprache der Werbung und der Massenmedien, die sich wie eine Gelée über die minimalistische visuelle Struktur schmiert, wiederum die visuelle Lesbarkeit des Raumes. Die 2-dimensionale Raum-Installation mit den Tapetenmodulen aus zwei Druckschichten erzeugt einen vibrierenden und schwirrenden Raumeindruck. Durch Überdrucken und Zerschneiden der Plakate auf das Format 60 × 60 cm, die beiden wesentlichen Strategien, die Lesbarkeit des Raumes zu erschweren, wird die Fragmentierung der Information enorm verstärkt. Nicht nur die Bedeutung der einzelnen Werbebotschaften geht mehr oder minder komplett verloren und nur die aggressive Lautstärke der Werbesprache (Farbe, signifikante Bildelemente) bleibt erhalten, sondern auch die visuellen Signifikanten des Raumes gehen verloren. Die visuelle Struktur schwarzer Röhren, die über die visuelle Struktur der bunten Massenmedien gedruckt wird, verknüpft auch zwei verschiedenen Formen des öffentlichen Raumes, nämlich den materiellen, physikalischen Raum der Architektur mit dem elektronischen und printmedialen Raum der Massenmedien, die auf den sozialen Raum der modernen Informationssysteme verweisen.

Peter Weibel

PETER KOGLER
OR THE VISUAL LEGIBILITY OF SPACE

Peter Kogler has been developing original transformations of the pictorial concept and pictorial space since the beginning of the eighties. He has picked up on the conceptual experiences of pop art in the sixties in their treatment of the mass media, the idea of the seriality and new reproduction technologies developing on them to create the idea of the module. He multiplies computer-generated images by screen printing, processing them into wallpapers. Primarily, he falls back on three tropes or pictorial figures: pipe, ant, brain. These modules join up the visual structure of the system, the networking and the circuitry. The neuronal networks of the brain, the tunnels of an anthill and the installation pipes constitute visual analogies to the post-industrial world of close-knit data processing, mass media and telematic communication technology. A module produced on the image computer, subsequent combination of hundreds of modules to make series with the aid of an industrial model and finally the large-wall and large-surface spatial application go to create an optical noise that makes individual spatial criteria such as vicinity and distance whir away into a state of fuzziness, and that causes individual spatial layers such as behind and in front to fluctuate. This violation of the natural hierarchy of spatial layers is further augmented by the layer system of the printing technique. The pipe system layer is not printed on a blank ground surface but rather has a mediatised origin actually commencing in images that also owe their existence to reproduction technology. The five pipe-shaped basic modules (straight section, corner, T-piece, crosspiece and end piece) that reiterate a visual basic structure, i.e. the pipe system of the installations that is concealed in the walls, are printed black on pre-collected advertising posters cut to size, 60x60 cm. In this way the visual grid structure of the advertising messages and the module system are aggregated to form a labyrinthine system of pipes that fundamentally obliterate the visual legibility of space. Following a pre-drawn grid, these wallpaper modules consisting of two visual layers are papered on the existing walls and ceilings within the pavilion, i.e. on the historical fabric of the building. By overlapping the visual layers of the two printed surfaces on the constructed surface of the wall create a complex and perplexing overall spatial impression. Space is defined as an image, and the visual legibility of space is deranged. So if the pipe wallpapers accomplish transparency of the hidden variables of architecture as a reference to architectural pipe installations, in turn the language of advertising and the mass media, smeared across the minimalistic visual structure like gel, mask and impair the visual legibility of space. The two-dimensional spatial installation with its wallpaper modules creates a vibrating, buzzing spatial impression. By overprinting and cutting the posters to 60x60 cm size, which are the two major strategies to impede legibility of space, the information fragmentation is enormously intensified. The visual structure of black pipes, printed across the visual structure of the colourful mass media, links up two different forms of public space, i.e. the material, physical three-dimensionality of architecture and the electronic and print media space of the mass media, that makes reference to the social space in modern information systems.

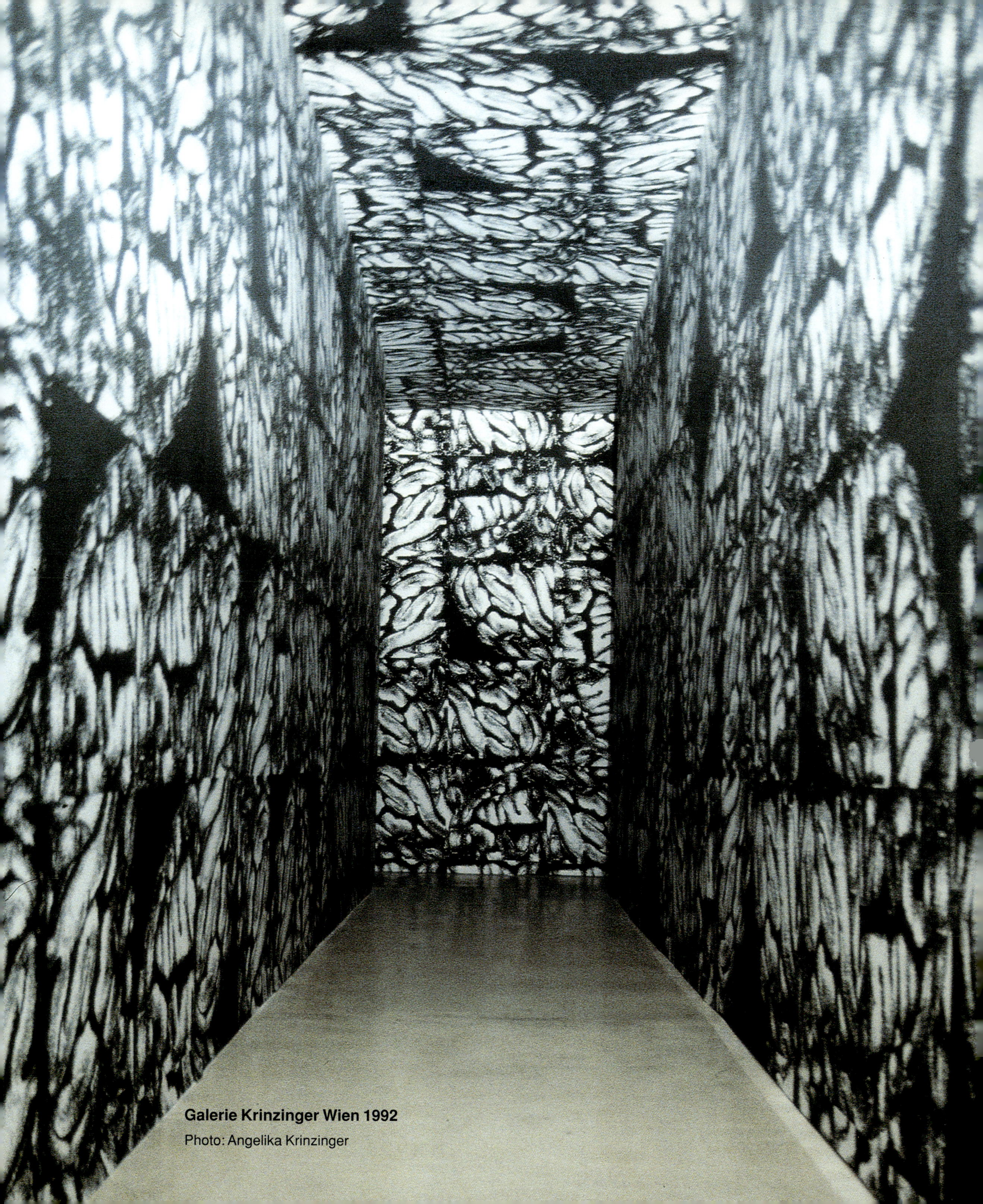

Galerie Krinzinger Wien 1992

Photo: Angelika Krinzinger

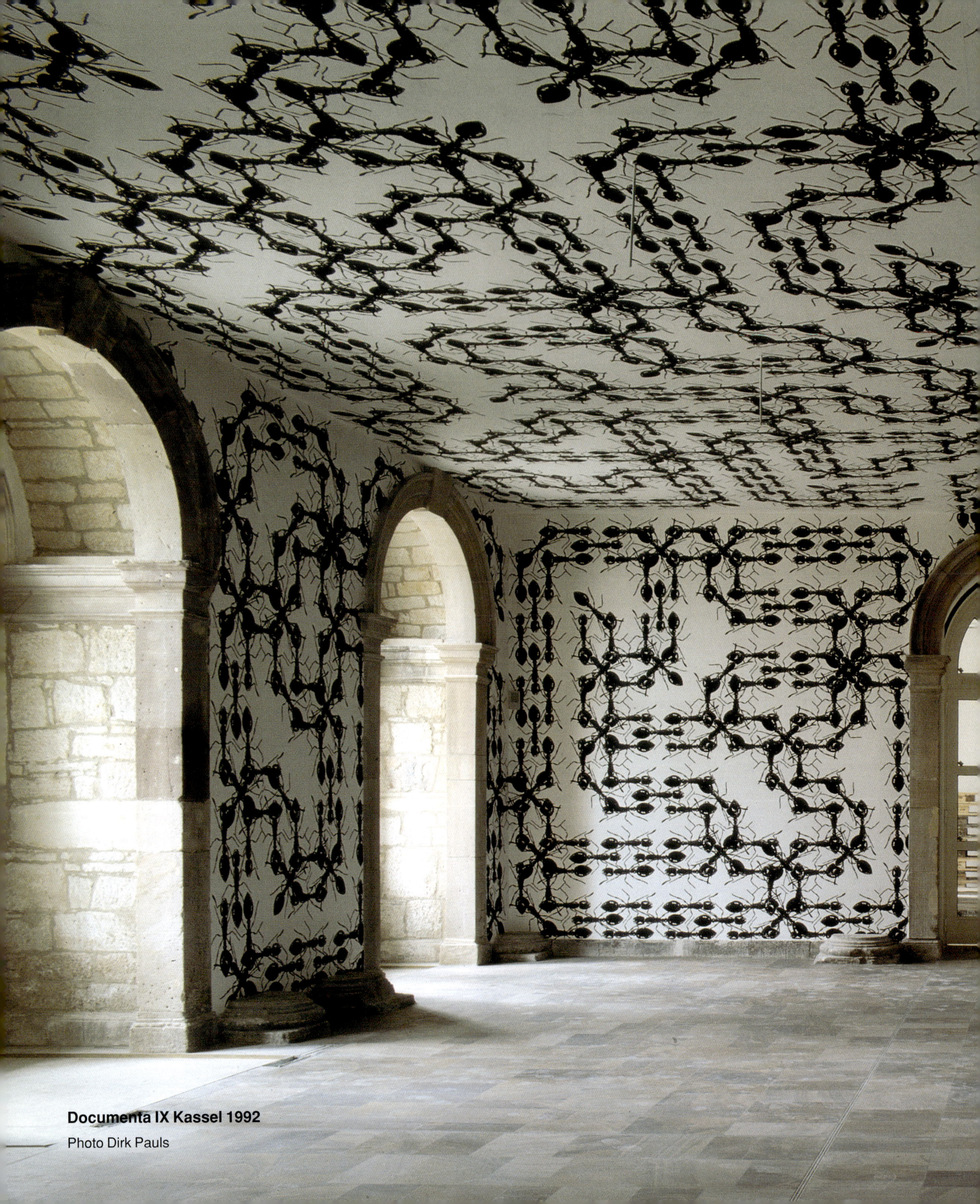

Documenta IX Kassel 1992
Photo Dirk Pauls

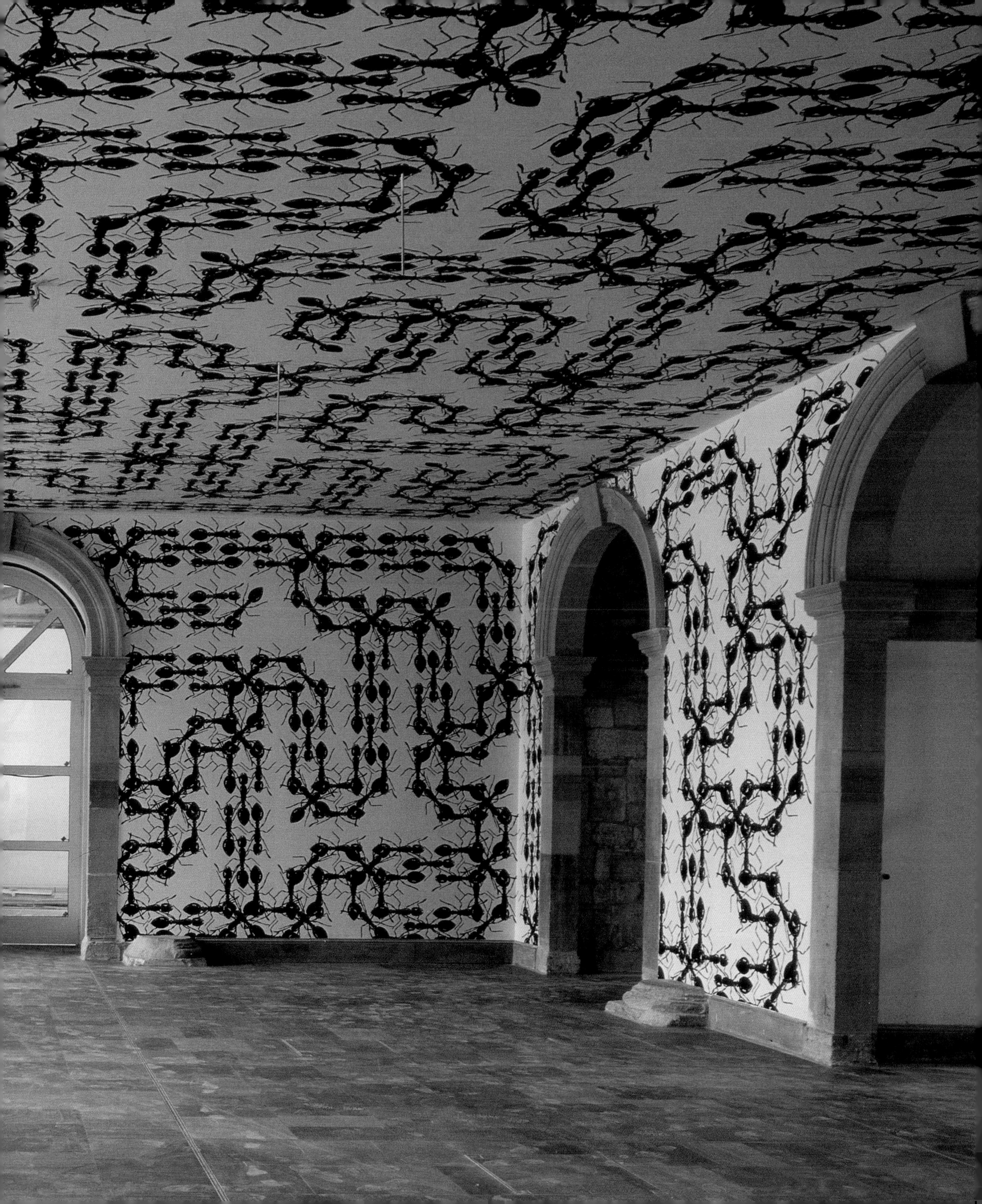

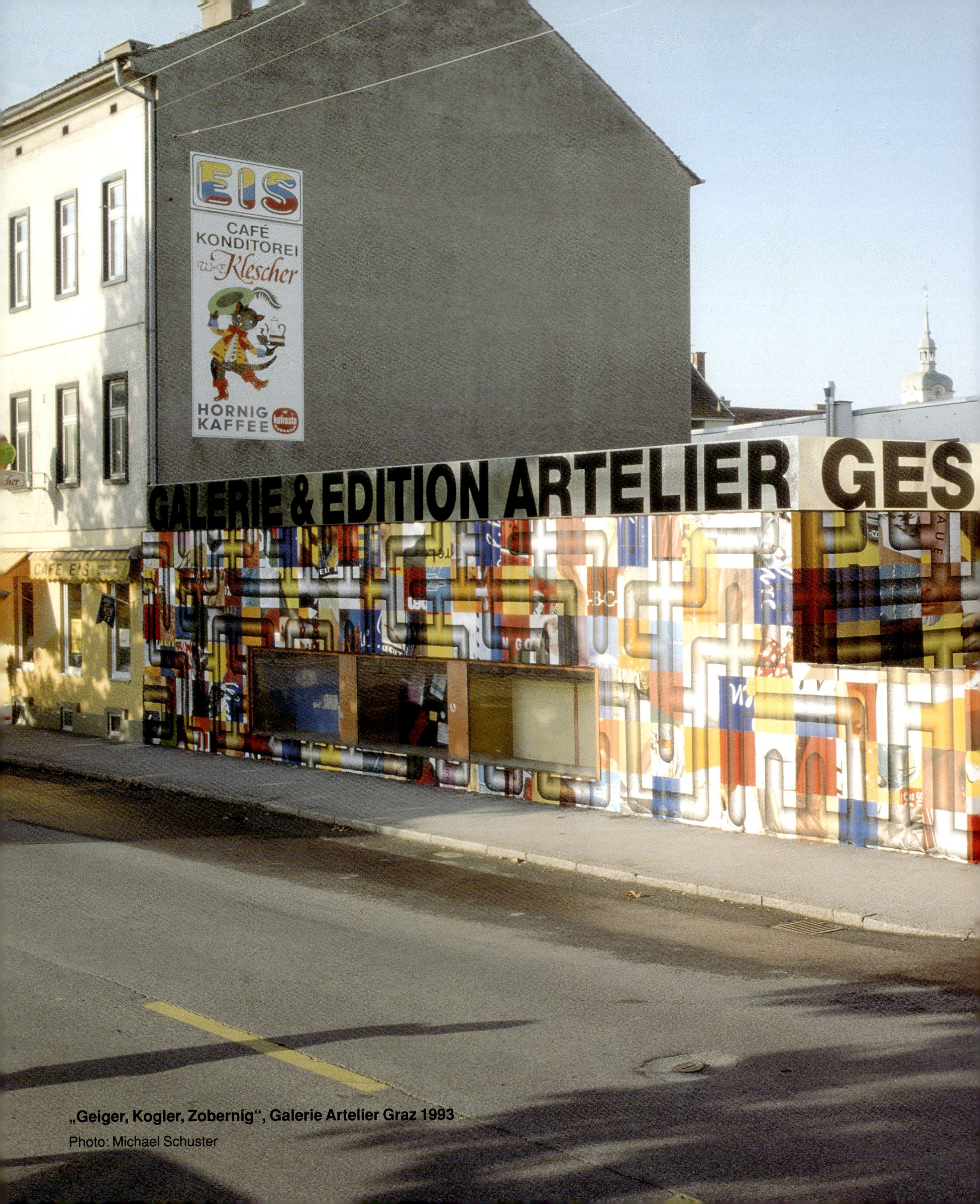

„Geiger, Kogler, Zobernig", Galerie Artelier Graz 1993
Photo: Michael Schuster

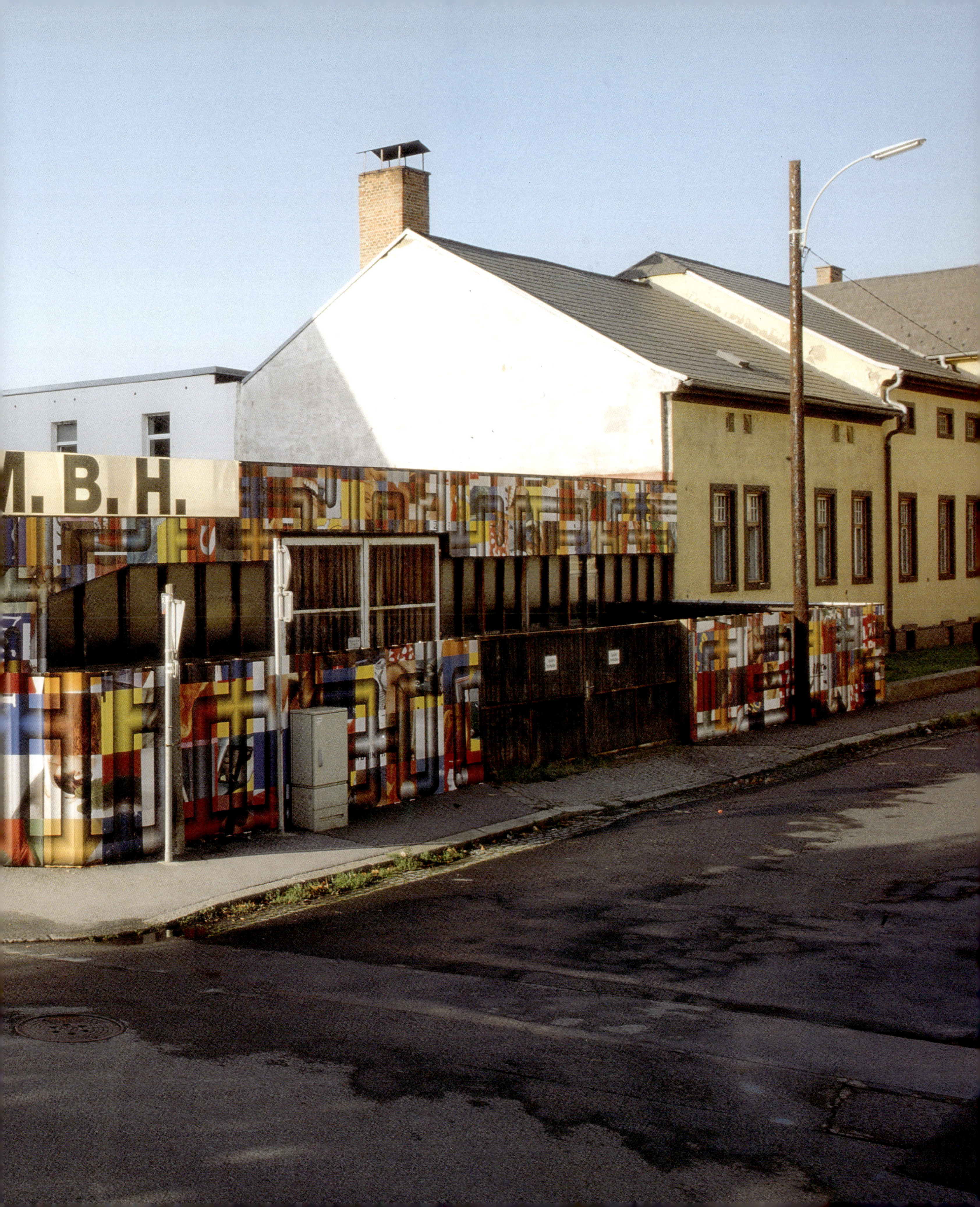
M. B. H.

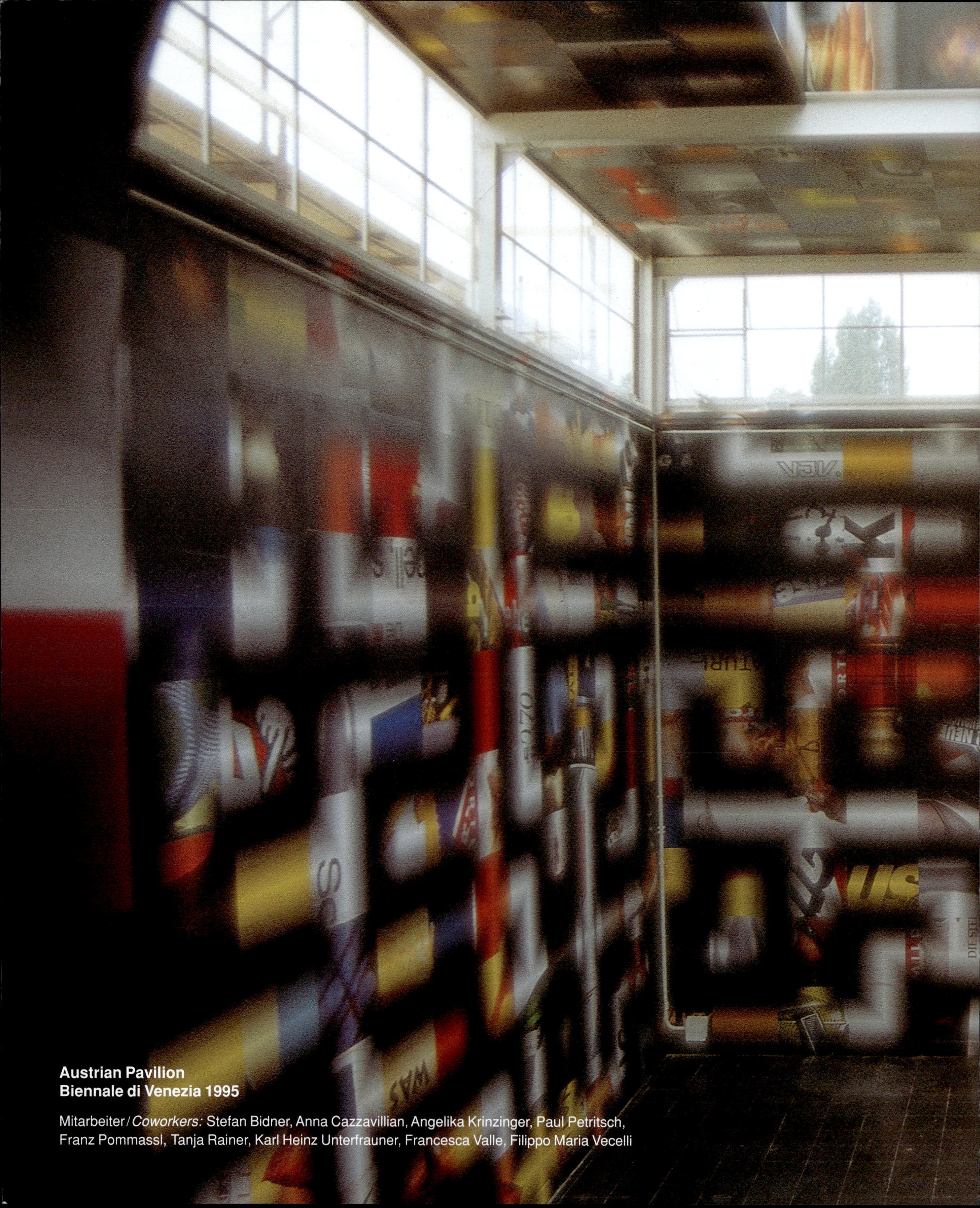

Austrian Pavilion
Biennale di Venezia 1995

Mitarbeiter / *Coworkers:* Stefan Bidner, Anna Cazzavillian, Angelika Krinzinger, Paul Petritsch, Franz Pommassl, Tanja Rainer, Karl Heinz Unterfrauner, Francesca Valle, Filippo Maria Vecelli

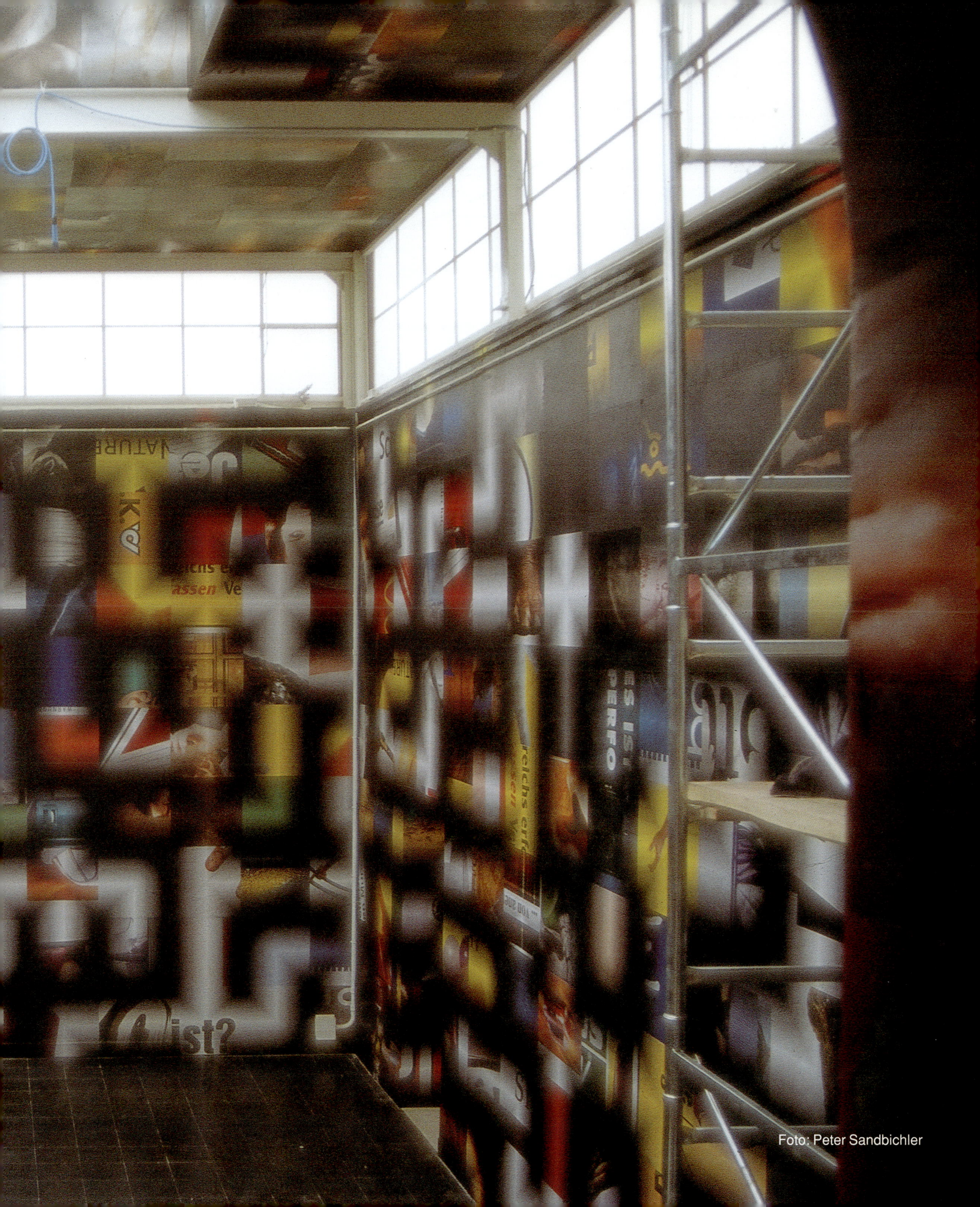

Foto: Peter Sandbichler

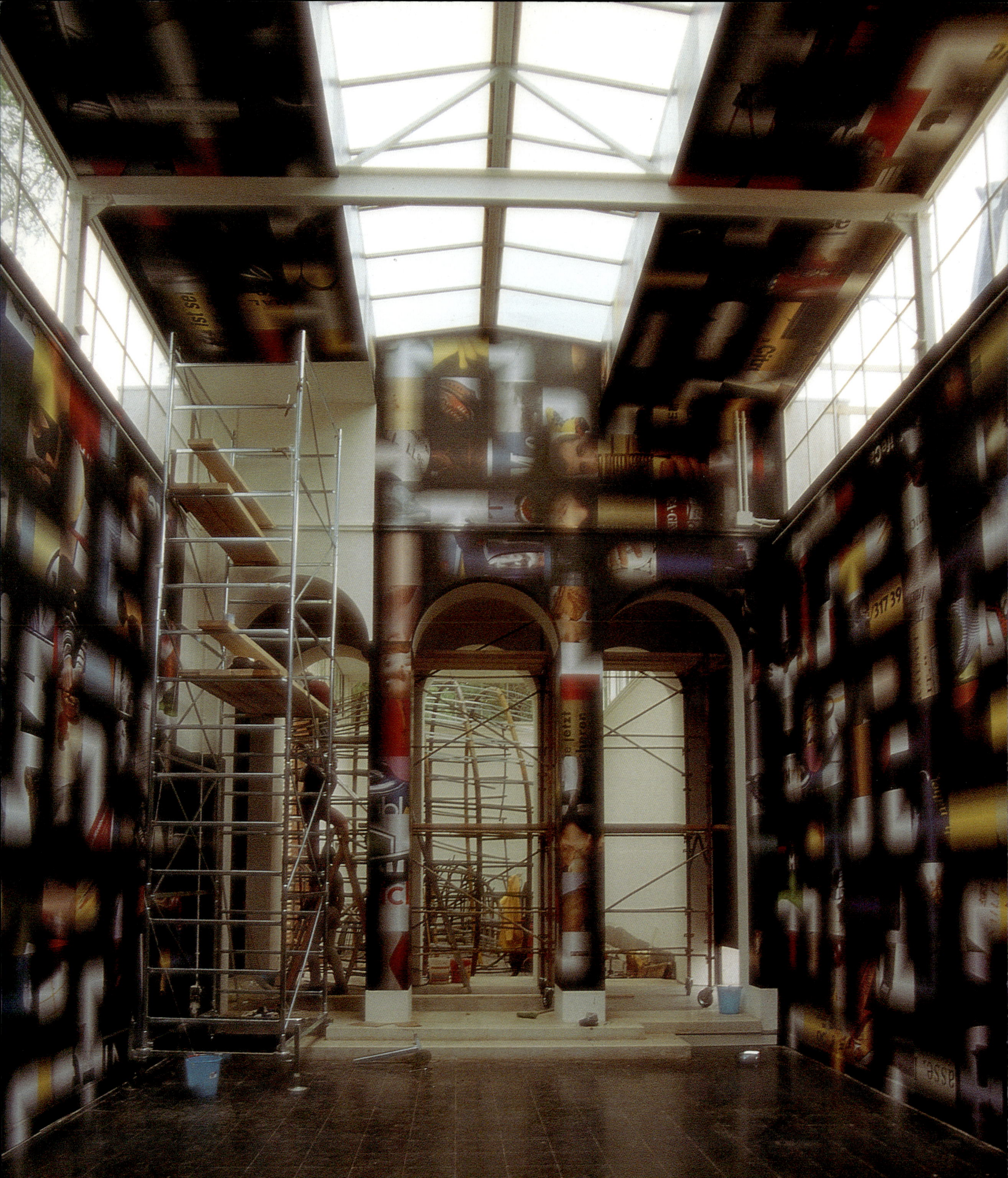

RICHARD KRIESCHE

TELESKULPTUR 1
1971

für den kunstmarkt wurde auf dem grazer schloßberg ein telefon zur ‚organisation der kunst; befragung 3' installiert. für die gesamte dauer des kunstmarktes konnten kostenlose gespräche mit richard kriesche tel: 232314 geführt werden.

on the occasion of the art market a telephone was installed on the schloßberg in graz in order to ‚organize art opinion poll 3'. during the art market freen-of-charge telephone calls could be made with r. kriesche tel. 232314.

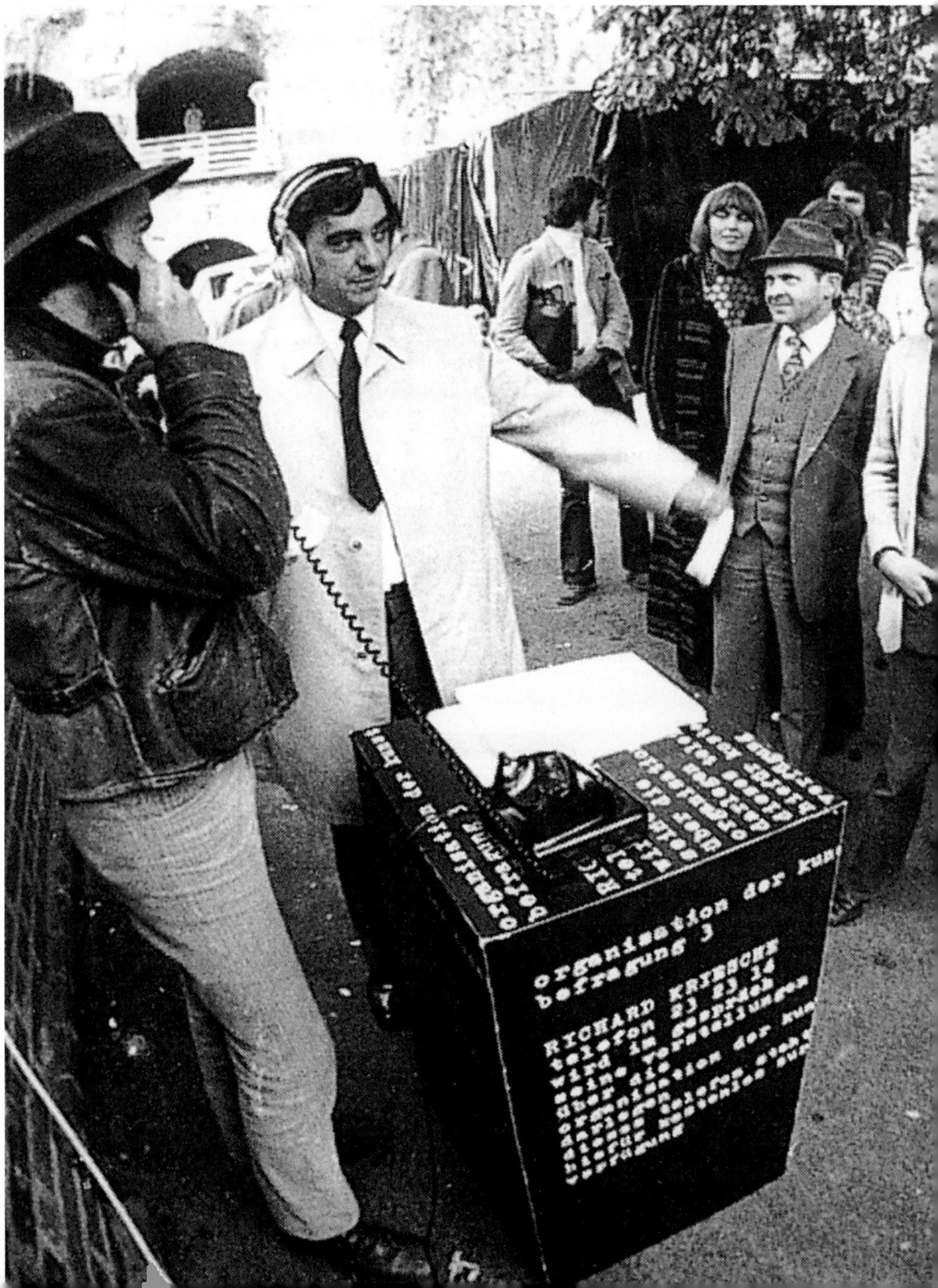

telephone installation on the schlossberg in graz

ARTIST' S USE OF TELE-COMMUNICATIONS CONFERENCE 1980

erstes ‚computer konferenz online symposium' mit slow scan television (SSTV) in österreich: zwischen wien, cambridge (MIT), new york, san francisco, toronto, vancouver, victoria, honolulu und tokio. teilnehmende österreichische künstler: robert adrian x (organisator), ernst caramelle, valie export, karl kowanz, peter weibel. (museum des 20. jahrhunderts, wien)

first "computer conference on-line symposium" with slow scan television (SSTV) with austrian participation. between vienna, cambridge (MIT), new york, san francisco, toronto, vancouver, victoria, honolulu and tokyo. participating austrian artists: robert adrian x (organiser), ernst caramelle, valie export, karl kowanz, peter weibel. (museum des 20. jahrhunderts, vienna, 1980)

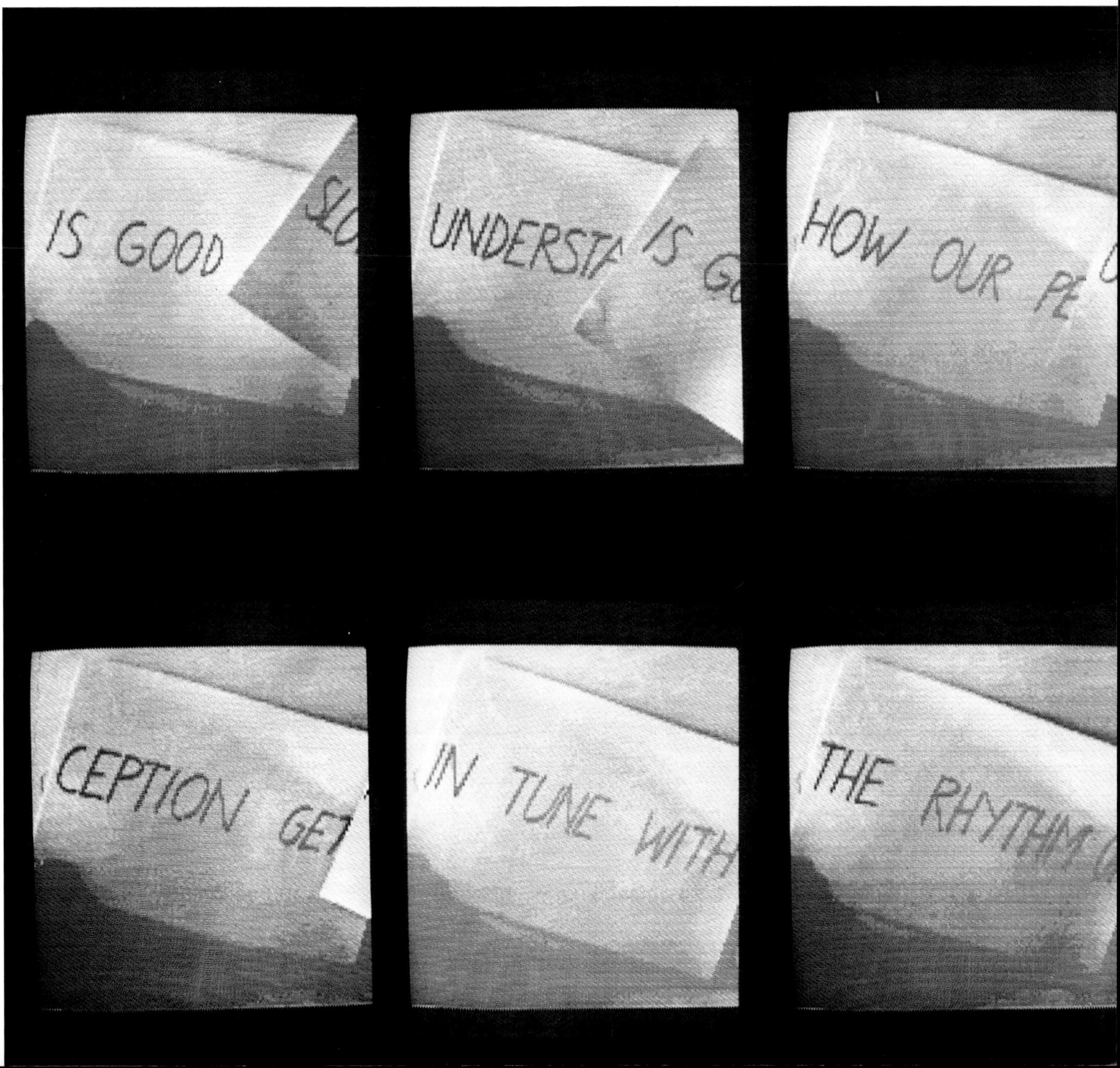

Slowscan sequence in 8 second clock pulse: Slow scan is good for understanding how our perception gets in tune with the rhythm of machines (photo of "machines" has been lost.)

ARTSAT 1991

das erste kunstexperiment in der bis dahin 30jährigen geschichte der sowjetischen raumfahrt mit einem österreichischen kosmonauten in der raumstation MIR. der künstler reichte während eines festgesetzten orbits dem kosmonauten virtuell die hand. der kosmonaut sendet seinerseits eine konkrete akustische botschaft an die bodenstation in graz. diese wird über ein speziell präpariertes keyboard online in den code des schweißroboters (IGM) transformiert und im ascii-code auf eine 3500mm durchmesser große stahlplatte geschweißt. die platte liegt auf der spitze des grazer schloßberges.(austromir)

the first art experiment in the then 30 year history of soviet space travel with an austrian cosmonaut on the space station MIR. the artist held out his hand to the cosmonaut virtually in the course of a set orbit. in turn, the cosmonaut sends a real acoustic message to the ground station in graz. via a specially prepared keyboard this message is transformed on-line into the code of the welding robot (IGM) and welded in ascii code on a big steel sheet 3500 mm in diameter. this steel sheet is located on top of the schlossberg in graz. (austromir)

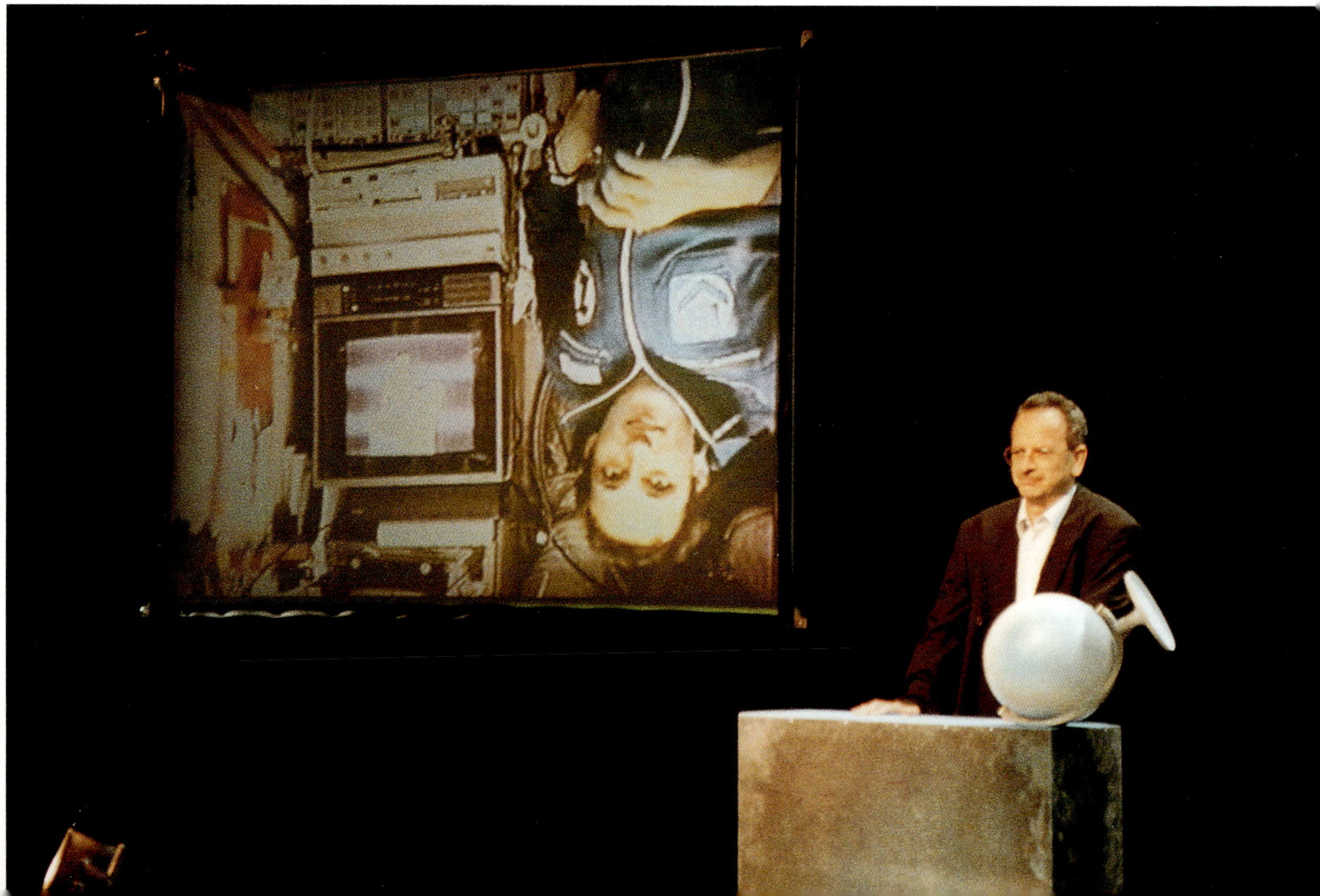

Live video broadcast from the ORF regional studio in styria to the russian space station MIR.

ARTSAT 1991

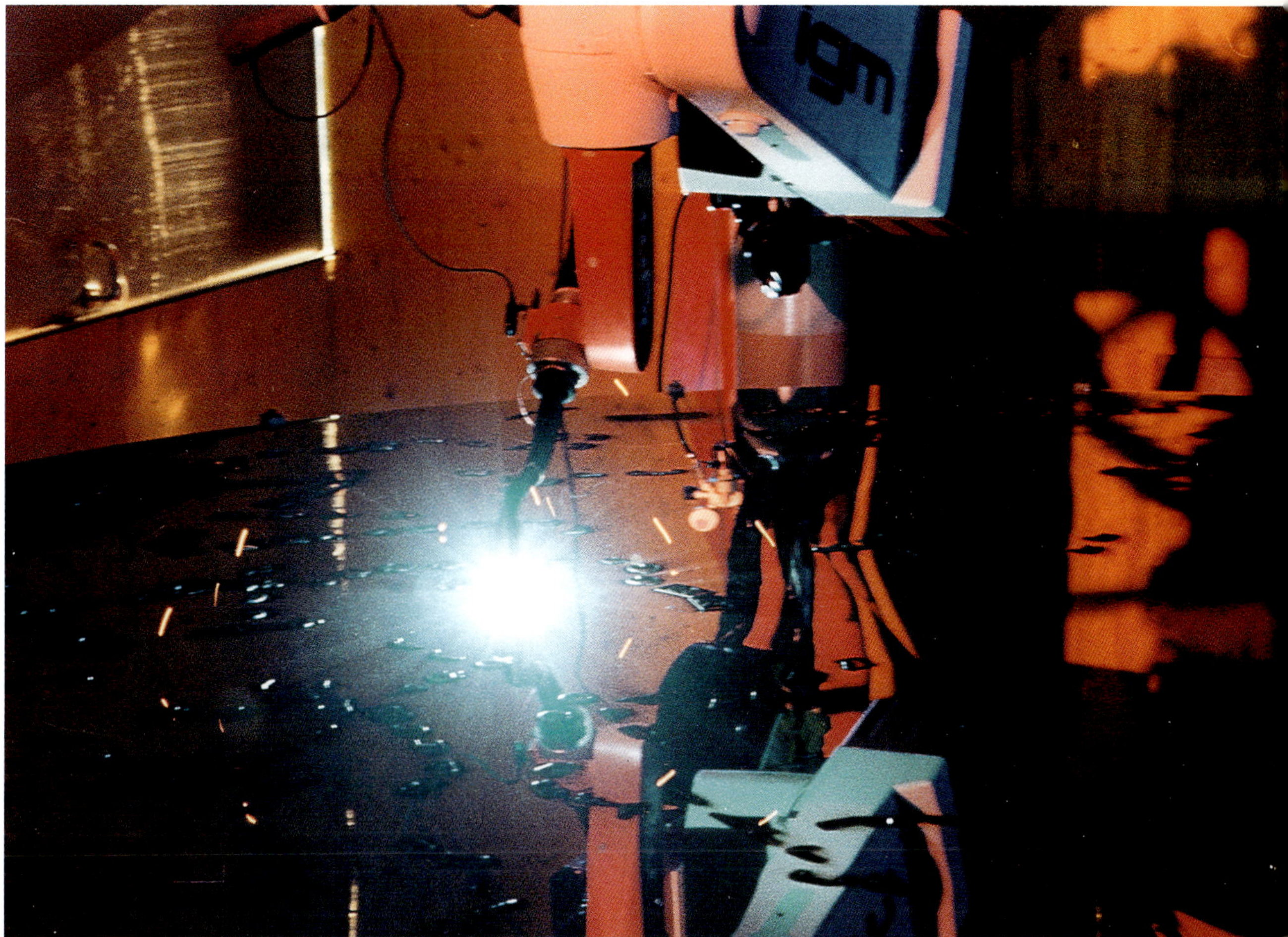

Transformation of the data from the space station MIR into the ascii code of the IGM welding robot.

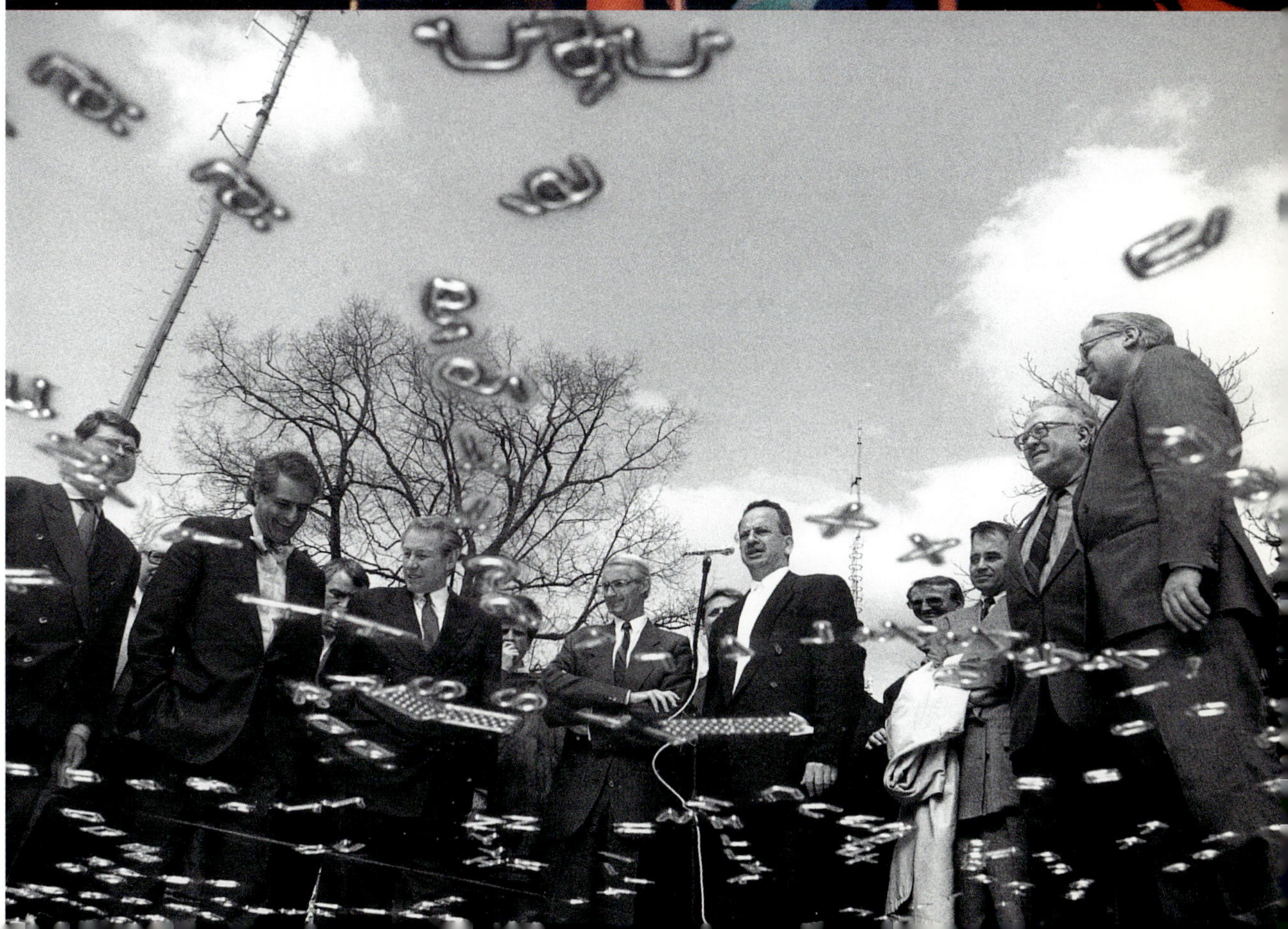

Presentation of the "Artsat" mirrow-polished steel sheet, 3500 mm in diameter, on top of the Schlossberg in Graz.

TELEMATISCHE SKULPTUR 3
1993

telefone wurden anläßlich von ‚entgrenzte grenzen 2' an der österreichisch-slowenischen grenze installiert. über lautsprecheranlagen wurden diese anrufe als friedensbotschaften aus der ganzen welt an das kriegsführende jugoslawien übertragen. diese telefonanrufe und anrufe ins grazer künstlerhaus, dem ort der aufstellung der skulptur, setzten jedesmal die skulptur in bewegung. (gemeinsam mit p.hoffmann)

in "entgrenzte grenzen 2" telephones were installed at the austrian-slovene border. the phone calls were transmitted to the warring yugoslavia as messages of peace coming from all over the world. these calls, and also calls to the künstlerhaus in graz where the sculpture was set up, set the sculpture in motion. (together with p. hoffmann).

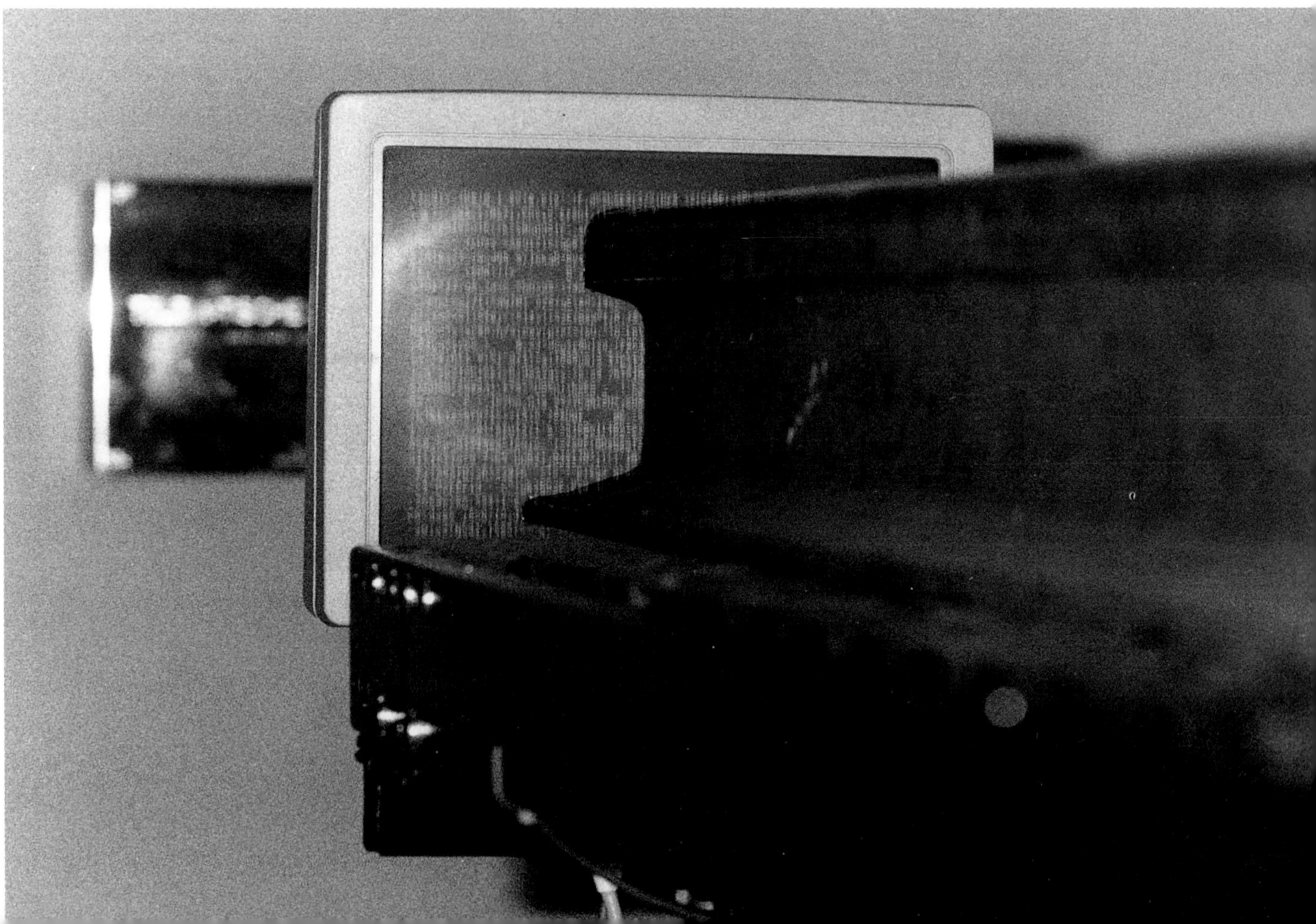

Telematic sculpture 3. Close-up, exhibition Künstlerhaus Graz.

TELEMATISCHE SKULPTUR 3
1993

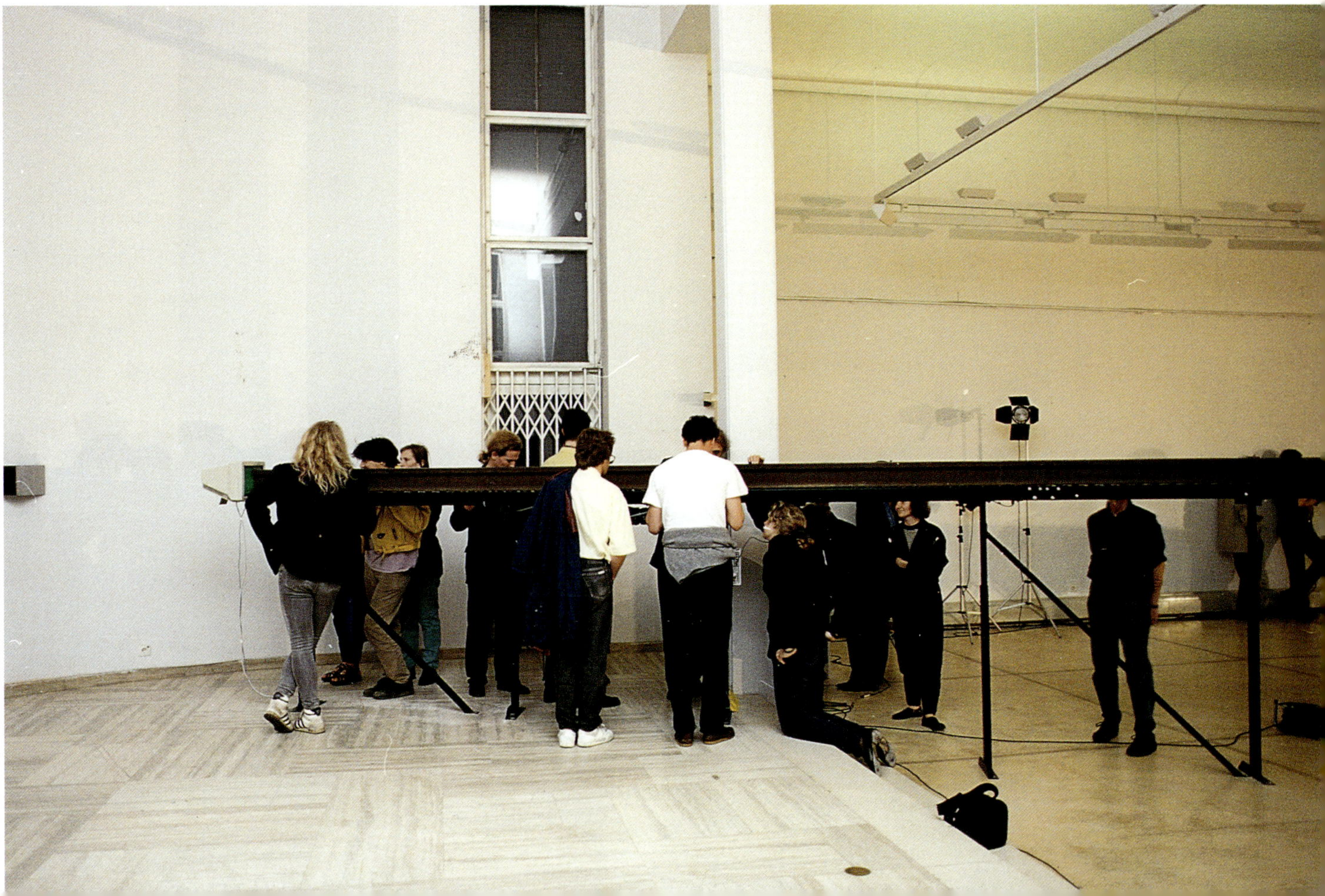

Telematic sculpture 3. Exhibition Künstlerhaus Graz.

TELEMATIC SCULPTURE 3
1993

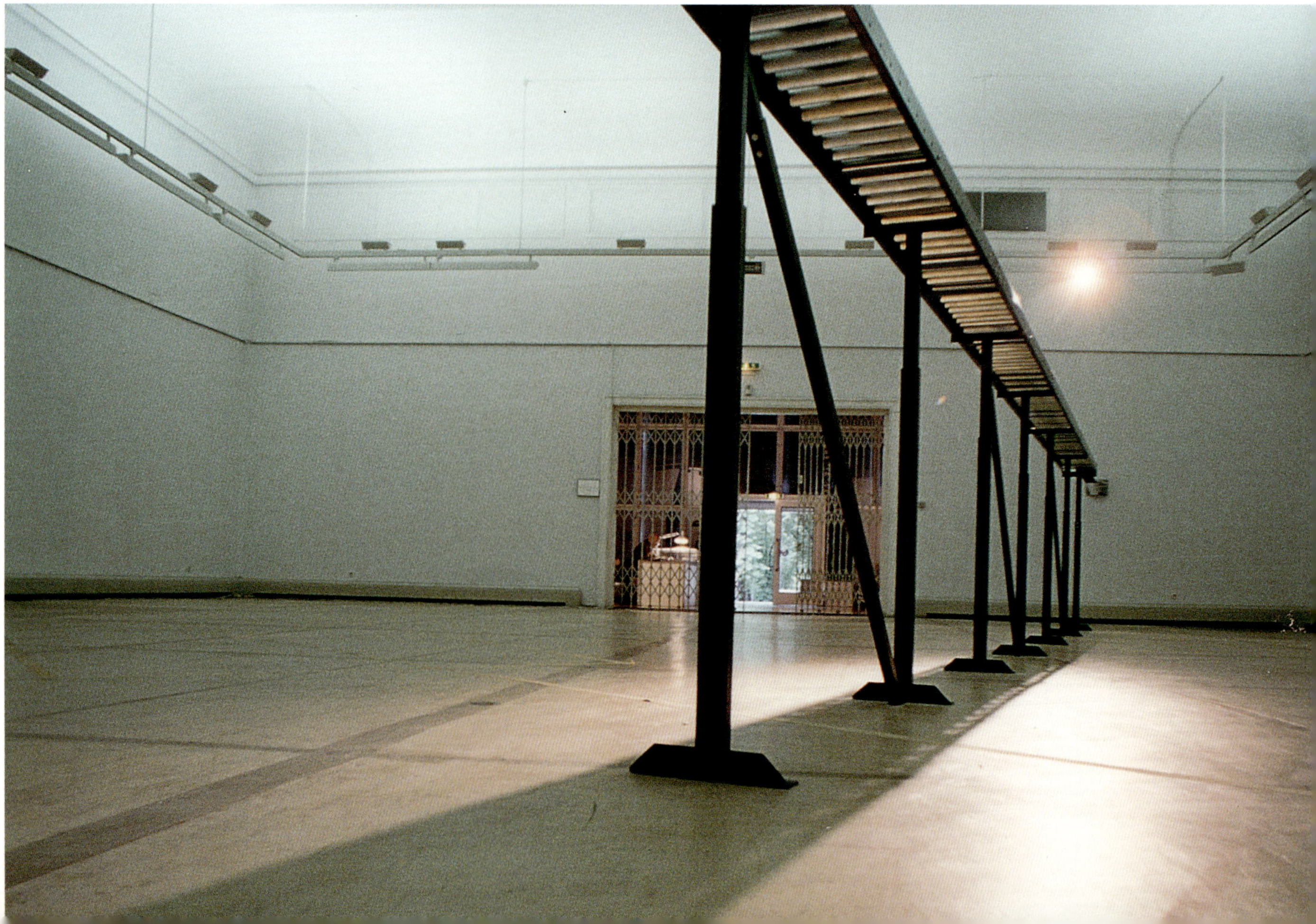

Telematic sculpture 3. Exhibition Künstlerhaus Graz.

TELEMATISCHE SKULPTUR 4 (T.S.4) 1995

Österreichischer Pavillon, Biennale di Venezia

Internet ist derzeit wahrscheinlich der größte zivile zeitspeicher. diese gigantische zeitagglomeration deutet darauf hin, daß die heutigen probleme für jedes individuum zu groß sein müssen. mit anderen worten: internet ist nicht mehr ein teil von uns, sondern wir sind teil von internet. damit wird offenbar, daß internet nicht mehr in der tradition herkömmlicher maschinen steht, daß sie die erste außermenschliche maschine, eine art meta-maschine ist, und daß wir auf dem wege sind, uns jenseits von uns selbst zu begeben.

internet is probably the largest time storage medium for civilian application currently in existence. this gigantic aggregation of time points to the fact, that today's problems are too big to be mastered by any individual. with other words: internet is not a part of us anymore, but we have become part of internet. it is becoming obvious that internet is no longer in the tradition of conventional machines, that internet is the first out-of-human machine, a kind of meta-machine and that we are on the way to transgressing ourselves.

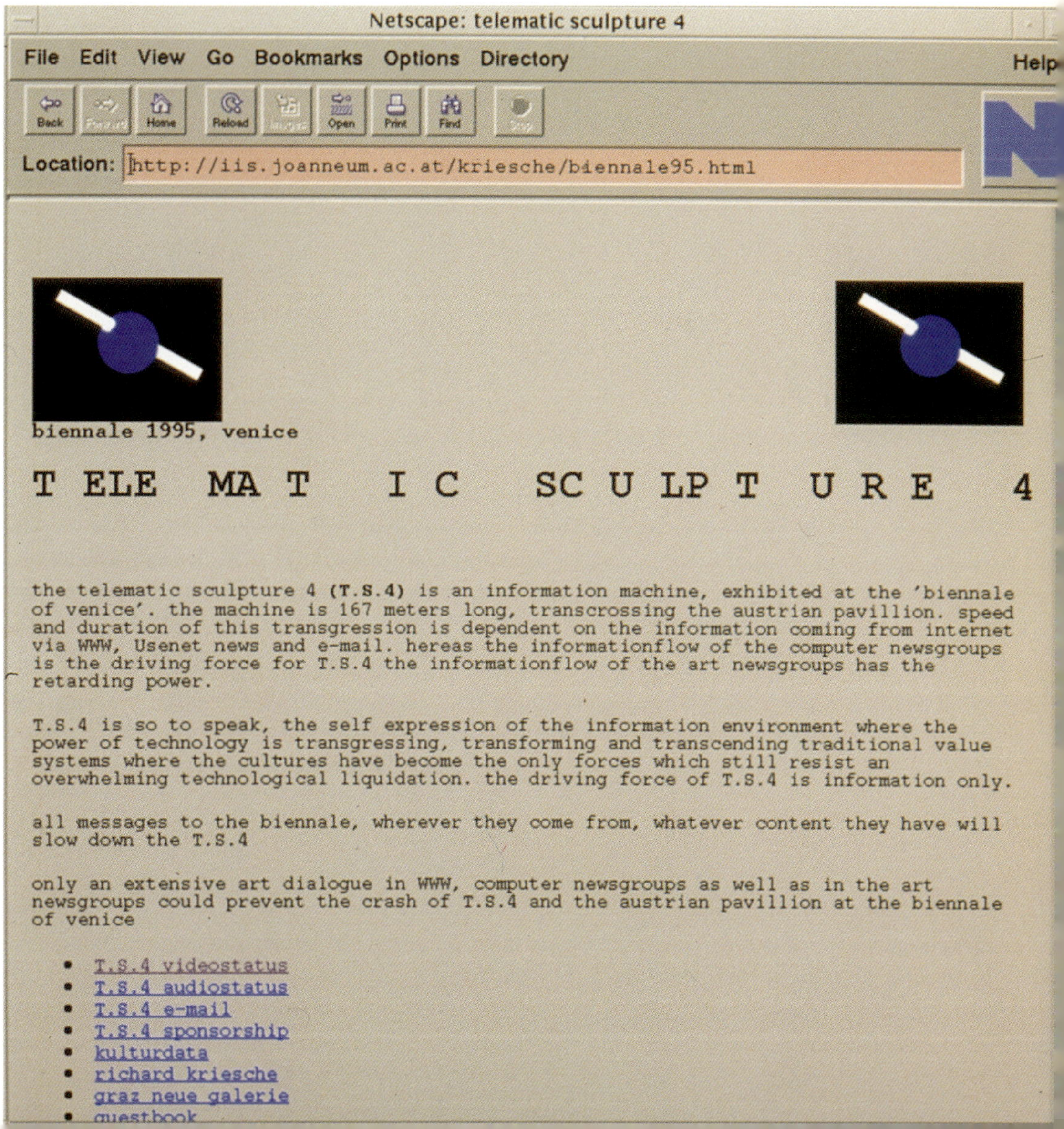

Telematic sculpture 4. www homepage.

TELEMATISCHE SKULPTUR 4 (T.S.4)
1995

T.S.4 befördert eine eisenbahnschiene. an deren spitze ist ein computermonitor fest mit ihr verankert. via modem ist T.S.4 an das internet angeschlossen, dessen unterschiedliche datenströme die skulptur bewegen. jedes einloggen in T.S.4 bringt für augenblicke die skulptur zum stillstand. die gesamten datenströme, damit die konkrete bewegung der skulptur, quer durch den österreichischen biennalepavillon, wird als statusinformation am obigen bildschirm angezeigt.

1. materialität ein industriell gefertigtes förderband in augenhöhe. darauf liegt eine eisenbahnschiene. an der spitze der eisenbahnschiene befindet sich ein, an seiner bildschirmseite fest mit ihr verankerter computermonitor. die ausmaße der skulptur entsprechen in ihrer länge der länge des österreichischen biennalepavillons. **2. information** der mit der eisenbahnschiene fix verankerte bildschirm zeigt die statusinformation von T.S.4 in raum und zeit an. **3. telematik** T.S.4 ist eine skulptur, deren eisenbahnschiene befördert wird. via modem ist die skulptur mit dem internet verbunden. die unterschiedlichen datenströme des World Wide Web beschleunigen oder verzögern die bewegung der skulptur. jedes einloggen in T.S.4 bringt für augenblicke die skulptur zum stillstand. somit verursachen, die ihrer ursprünglichen information beraubten datenströme, die konkrete bewegung der skulptur quer durch den österreichischen biennalepavillon. **4. dauer** T.S.4 wird dem informationsfluß entsprechend, in dauernder bewegung gehalten. diese bewegung in permanenz – das zentrale informationelle paradigma – bestimmt sich einerseits durch die bewegung der information in annäherung an die absolute lichtgeschwindigkeit, sichtbar auf dem bildschirm und andererseits unsichtbar, als bewegung der eisenbahnschiene, in annäherung an die bewegungslosigkeit. **5. raum** läßt die geschwindigkeit des informationsflusses den raum zu einem punkt schrumpfen, so läßt die in T.S.4 gespeicherte information die fesseln, des sie umgebenden raumes, bzw. architektur sprengen.

__1. materiality__ an industrially manufactured conveyor belt at eye level with a railway track on it. a computer monitor is anchored on the screen side to the end of the track. the dimensions of the sculpture correspond in length to the length of the austrian biennale pavilion. __2. information__ the monitor anchored to the railway track displays the spatial and temporal status information of T.S.4. __3. telematics__ T.S.4 is a sculpture whose railway track is transported. the sculpture is linked up with the internet via modem. the different data flows of the World Wide Web accelerate or slow down the sculpture's movement. each log-in to T.S.4 brings the sculpture momentarily to a standstill. in this way data flows, deprived of their original information, cause the movement of the sculpture across the austrian biennale pavilion. __4. duration i__n accordance with the data flow, T.S.4 is kept in a state of continuous movement. this permanent movement - the central informational paradigm - is determined on the one hand by the movement of the information as an approximation of the absolute speed of light visible on the screen and, on the other hand as a movement of the railway track as an approximation of motionlessness. __5. space__ if the speed of the information flow shrinks space down to a point, then the information stored in T.S.4 breaks the bonds of the space and architecture surrounding it.

richard kriesche, graz/venice, april 1995.

für die großzügige förderung und unterstützung des projektes ‚telematische skulptur 4' danke ich:
bundesministerium für wissenschaft, forschung und kunst
land steiermark
landeshauptmann dr. josef krainer
knapp logistik automation
di. karl freudelsperger
joanneum research
di. eduard wünscher
kulturamt der stadt graz
di. helmut strobl
handelskammer steiermark
dr. johannes koren
ibm österreich
dr. richard straub
steiermärkische bank und sparkassen ag
mein aufrichtiger dank gilt den mitwirkenden am projekt:
di. harald mayer
di. wernfried haas
klaus zlöbl
silvia obermoser
michaela höbel
ricardo lópez cencerrado
di. dietmar pascher
michael gsell
gottfried bauer
gottfried horneck
gerhard neurohr
prof. peter hoffmann
dank an: o.hsprof. peter weibel

CONSTANZE RUHM / PETER SANDBICHLER

KANA

The Austrian Pavilion is penetrated by a room looking like a bubble, designed by the architects Coop Himmelb(l)au. In this room six projections are visible on the wall, where the virtual knot and the real space intersect.

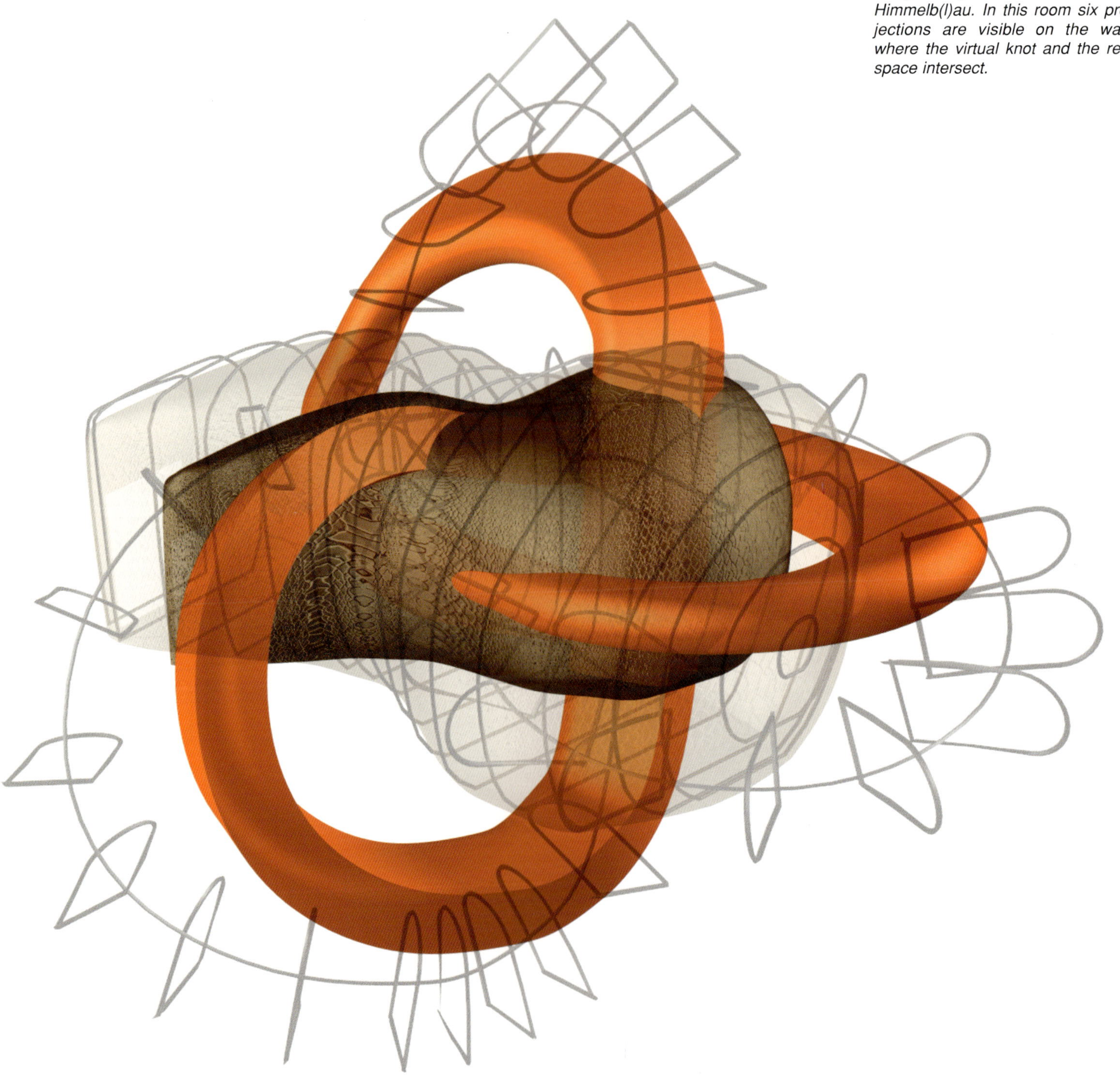

Knoten und Blase,
Computermodell 1995

Coworker: Robert O'Kane
Besonderer Dank gilt der Firma Multiversum Media Lab Hamburg, ohne deren Unterstützung dieses Projekt so nicht hätte verwirklicht werden können.

Kanal

in Zusammenarbeit mit Kay Fricke & Michael Saup

Austrian Pavilion, Biennale di Venezia 1995

Ein wirklicher Raum wird von einem virtuellen Raum durchdrungen. Dieser virtuelle Raum, ein Knoten, ein unendlicher Raum, wird für den Betrachter, der sich innerhalb des realen Raumes aufhält, nur an den gemeinsamen Schnittflächen der beiden Räume sichtbar. Eine den Schnittflächen und der Anordnung der Räume entsprechende Anzahl von Projektionen zeigt Einsichten in diesen tunnelartigen virtuellen Raum, der den vorhandenen Raum unsichtbar durchquert, aus jenem hinaus- und wieder in diesen zurückführt. Der virtuelle Raum wird von einem Computer in Echtzeit berechnet, und dadurch für den Betrachter, mittels eines Interfaces, einer einfachen Fernbedienung, beeinflußbar. Auf die Oberfläche des virtuellen Raumes werden TV-Sequenzen projiziert, „gefundene Bilder“, die mittels Satellitenantenne live eingespielt werden. Virtuelle Fernsehkanäle bespielen den virtuellen Raum-Kanal. So entsteht eine Tautologie von Körper und Bild. Ein Betrachter kann über die remote control mit dem Knoten kommunizieren, ihn durch den wirklichen Raum bewegen, seine Form und Richtung verändern und die Haut des Objekts, die aus einem Strom endloser Fernsehbilder besteht, verwandeln, indem er den Fernsehkanal wechselt. Jeder Raum unterbricht den anderen: der Knoten durchlöchert den wirklichen Raum, der wirkliche Raum durchdringt den Knoten und transferiert diesen so gleichzeitig in den Bereich des Wahrnehmbaren.

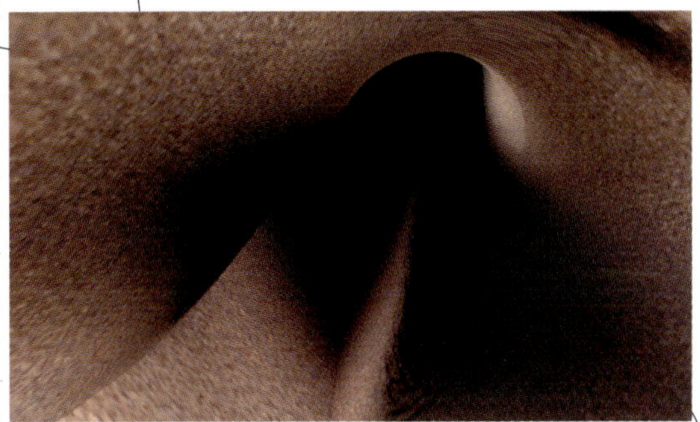

Lash

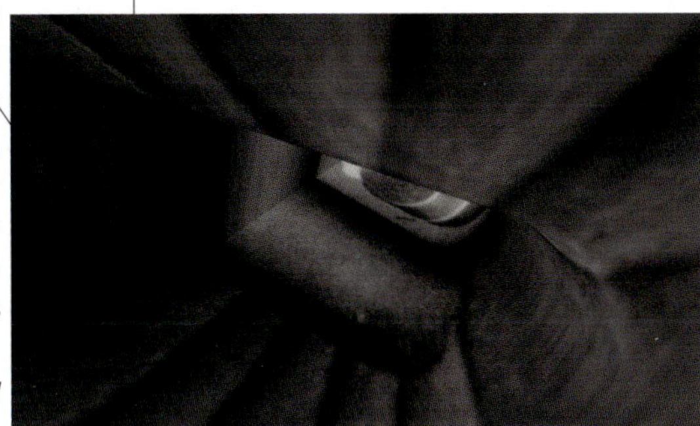

Plutonium

A factual room is being pervaded by a virtual space. This virtual space is a knot, it is an infinite room, and it becomes visible to the beholder (who is located in the real room) only at the common interfaces of both rooms. Projectors, which correspond in number of interfaces of the spaces, allow to per -ceive the tunnelshaped inside of the virtual knot, which invisibly traverses then heads beyond the factual room and finally returns to it. The virtual space is being computed in real time, so that an observer can manipulate it through a single remote control. TV sequences that are projected onto the surface of the virtual space consist of random pictures fed into the system through satellite antennas. Virtual TV-channels are displayed on a virtual space-channel. Thus a tautology of body and image is created. An observer can interact with the knot through the remote control, i.e. the observer may move the knot through the room, may modifiy its shape and direction, and may transform the objects surface which consists of an endless stream of distorted TV images by simply switching channels. The two spaces intersect each other : the knot perforates the factual room, while the factual room pervades the knot thus rendering it visible and invisible simultaneously.

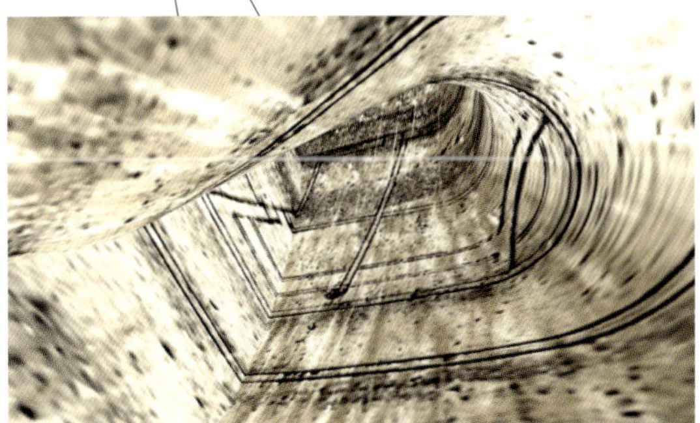

San Salvador

Der Pavillon wird von einem von Coop Himmelb(l)au entworfenen blasenartigen Raum durchdrungen, der von innen nach aussen führt. In diesem von der Rückseite des Gebäudes begehbaren Raum sind 6 Projektionen sichtbar, die den Schnittpunkten des virtuellen Knotens mit dem Raum entsprechen.

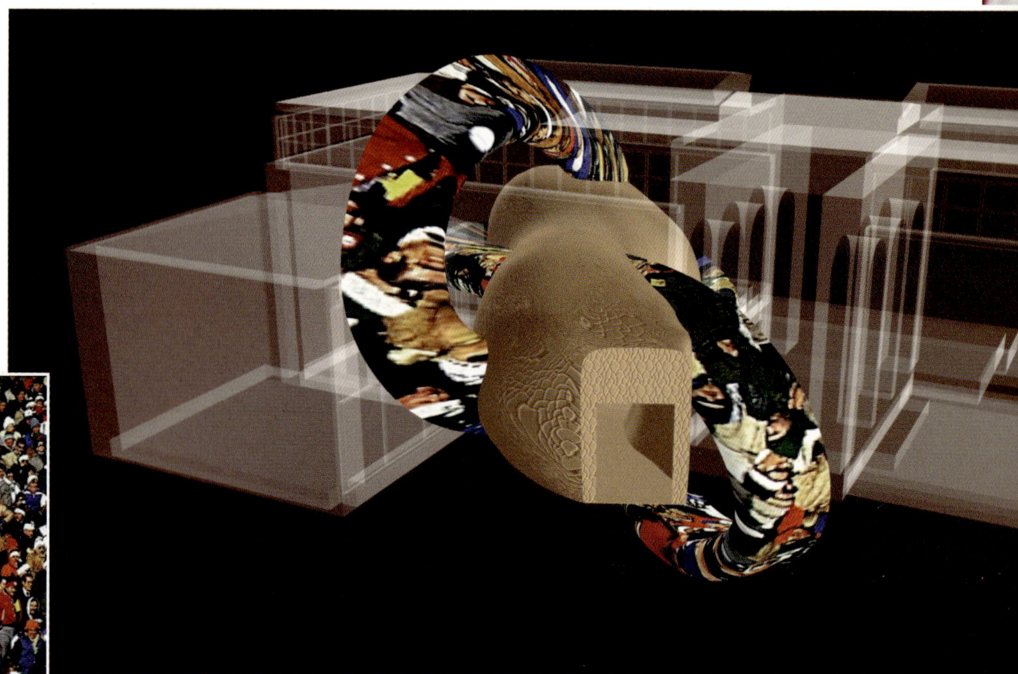

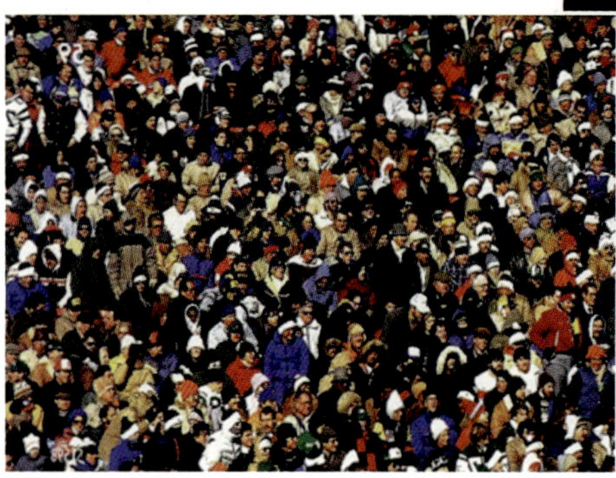

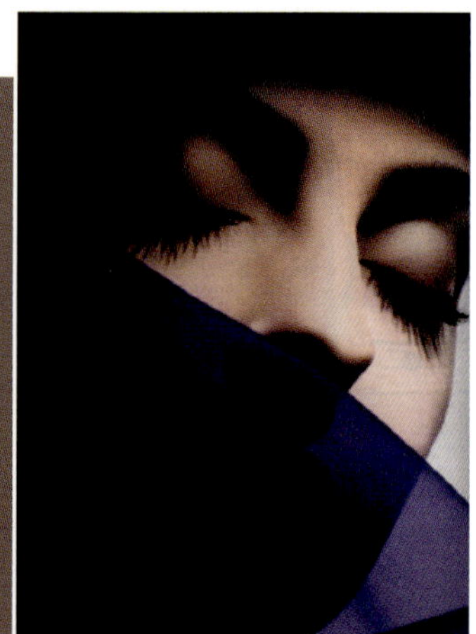

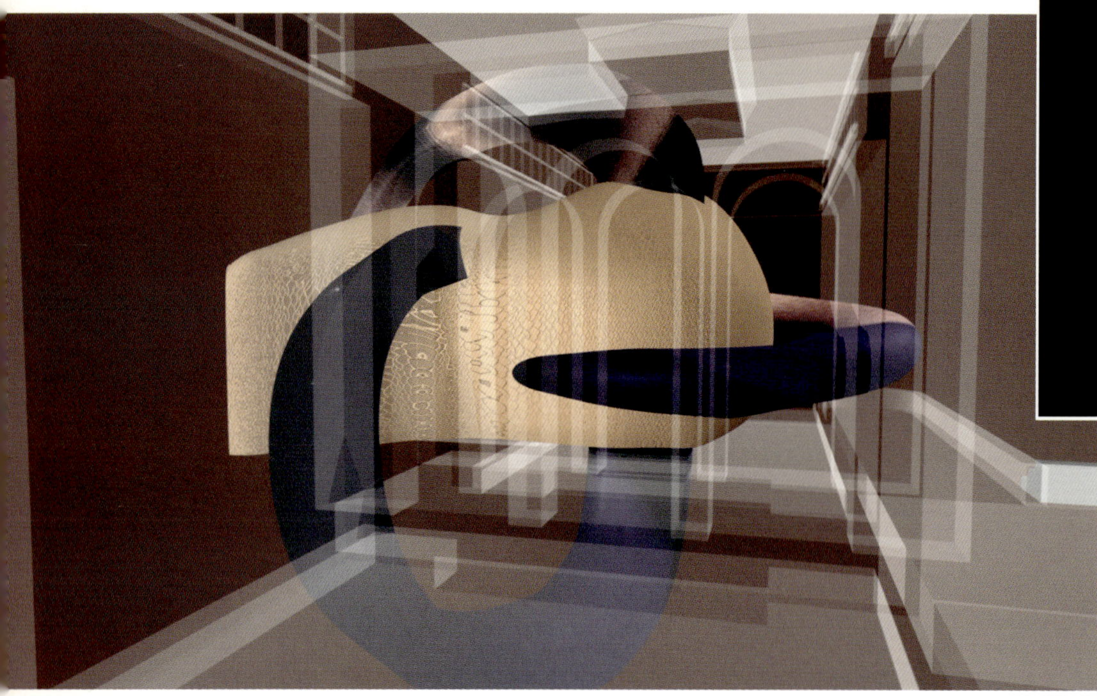

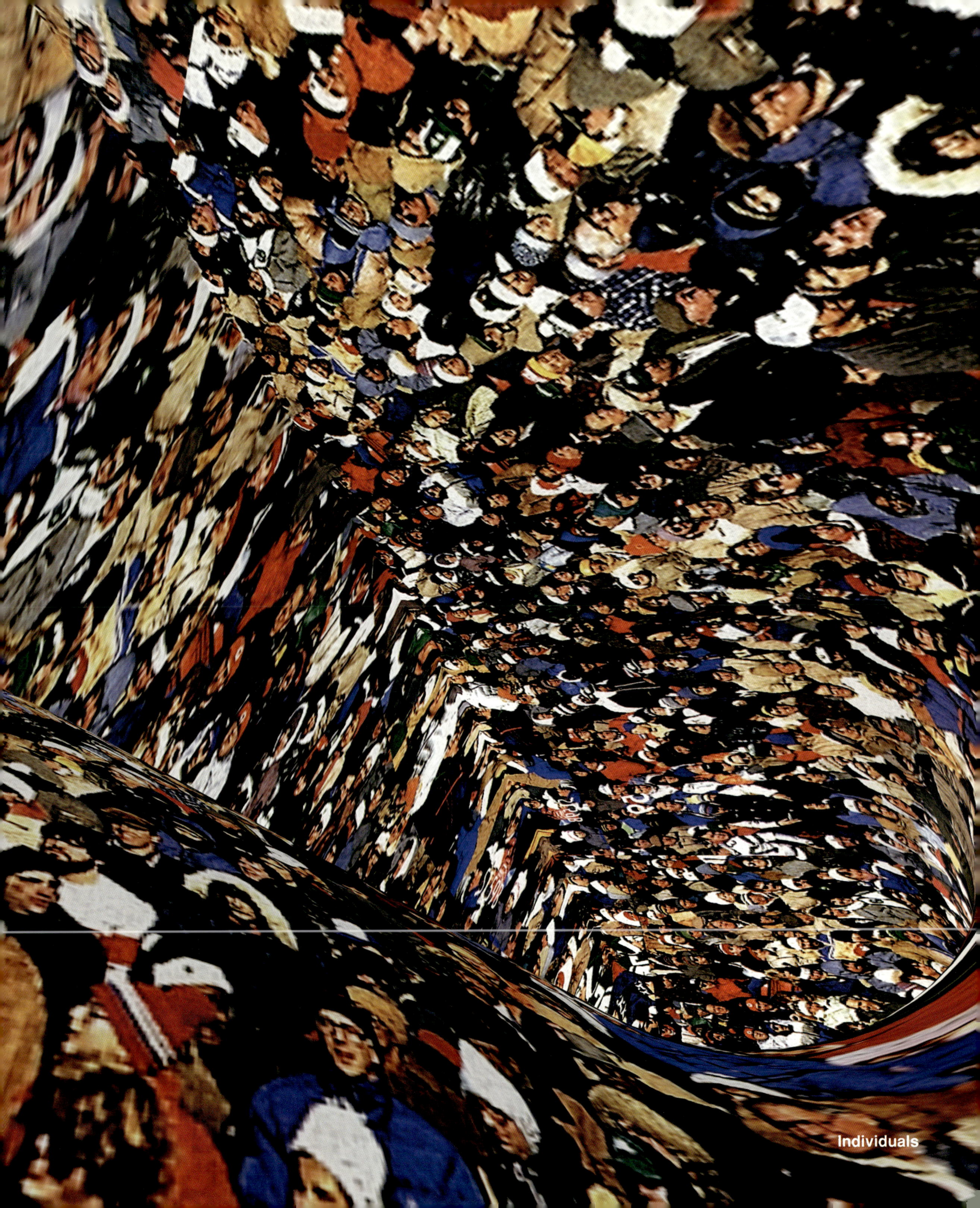

Individuals

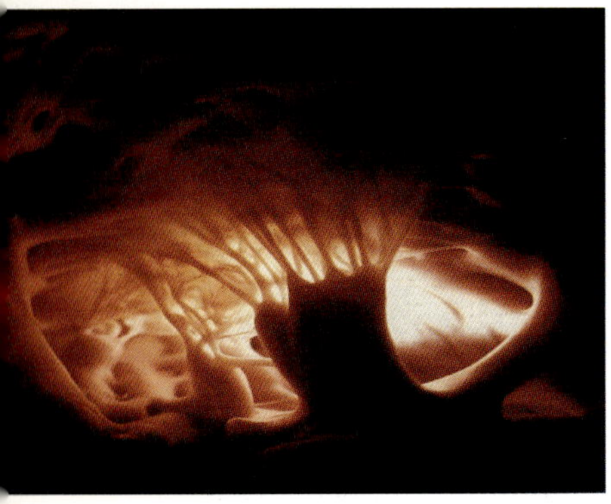

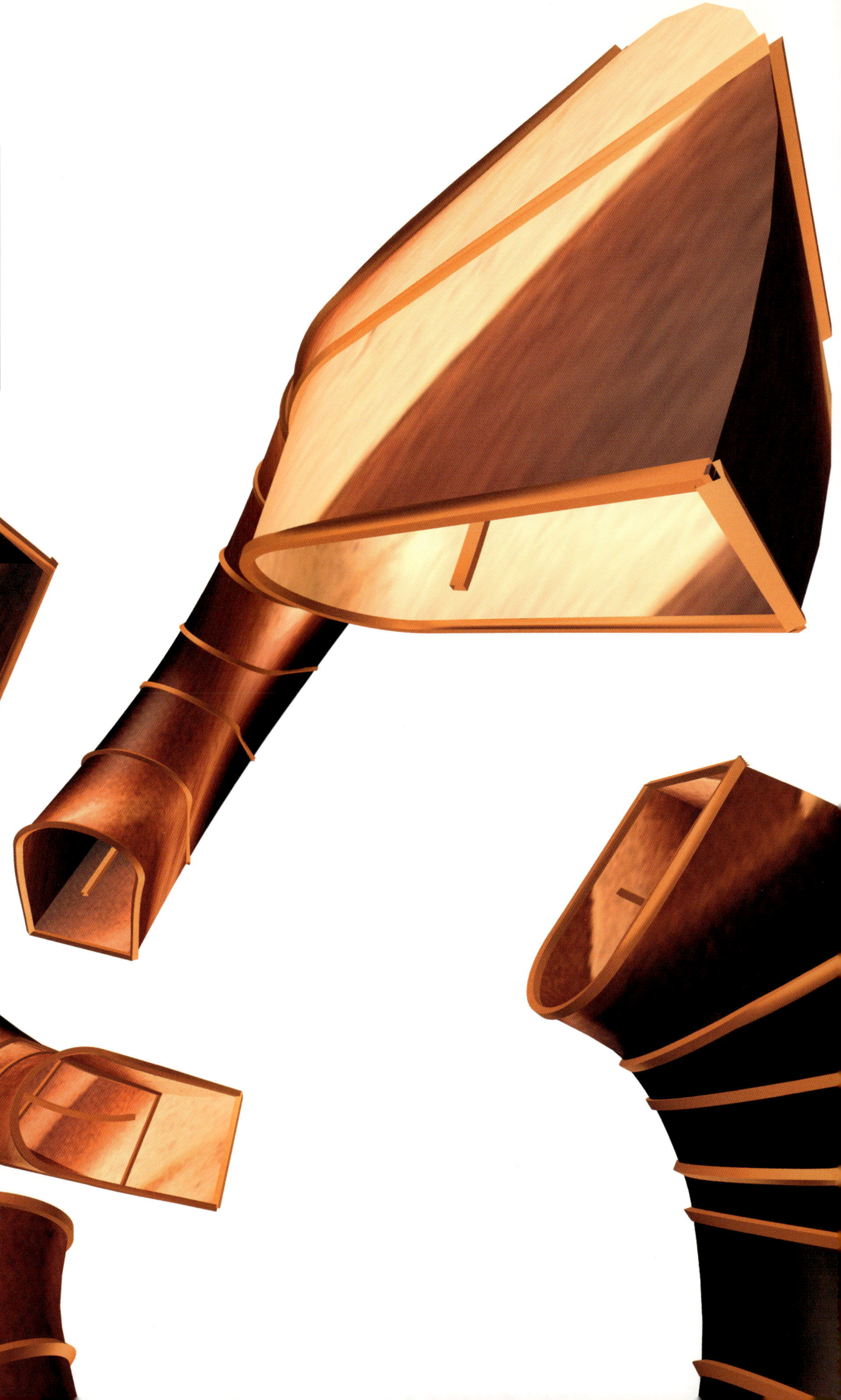

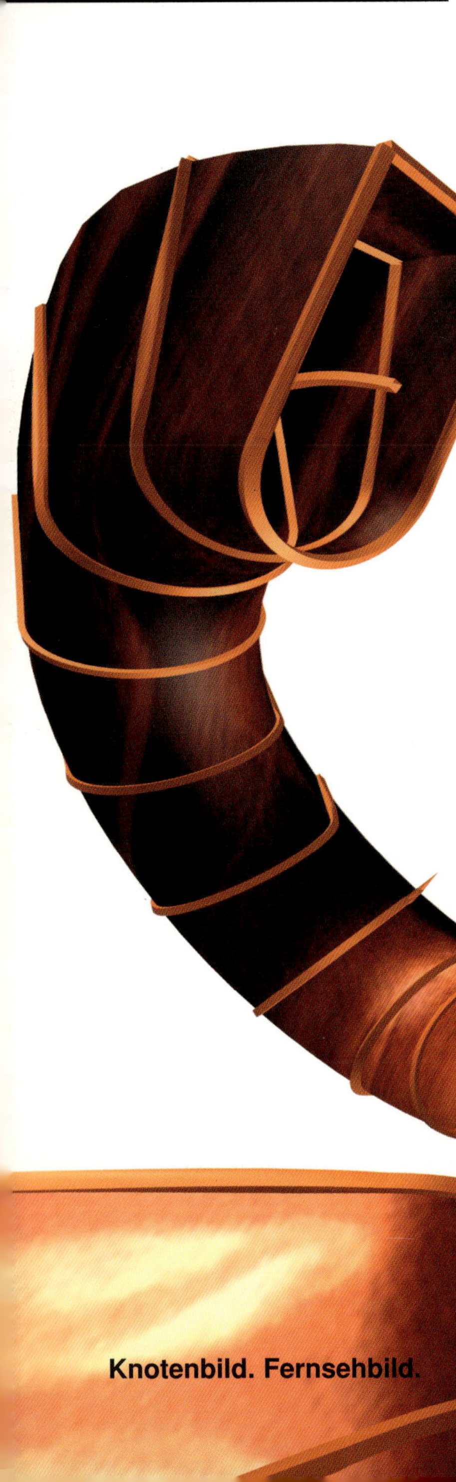

Knotenbild. Fernsehbild.

S.O.L. - SECRET OF LIFE 1994

Ars Electronica, Linz, Brucknerhaus

Galerie Grita Insam, Wien

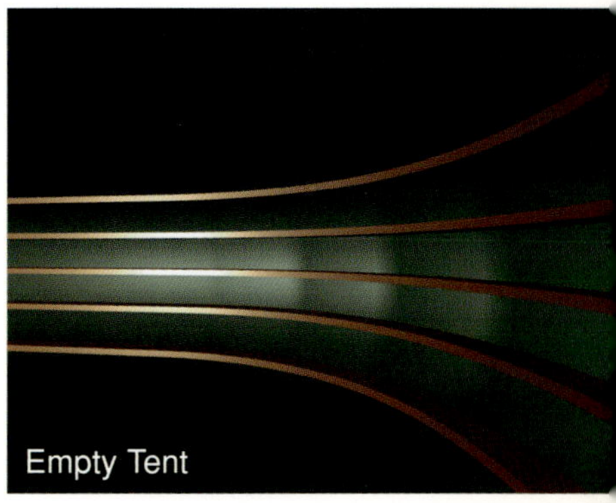
Empty Tent

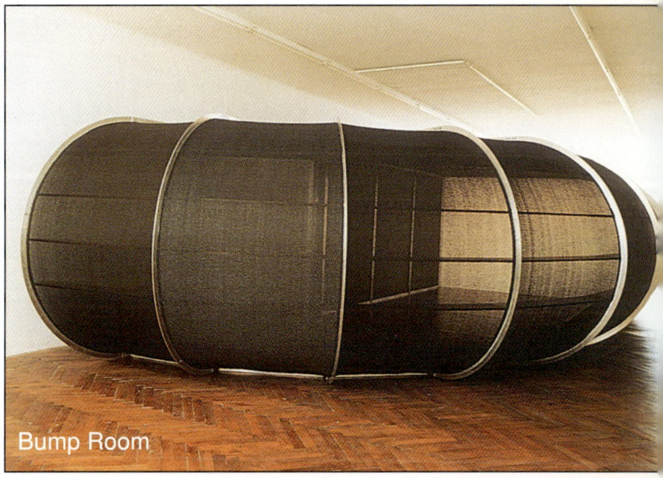
Bump Room

PROJEKTIONEN IN EINEM ZELT. Das Zelt ist transparent, beweglich, zerlegbar und mobil. Es ist ein Modul, das mit sich selbst kompatibel ist. Von aussen betrachtet, kann es sowohl Behälter wie auch Skulptur sein. Betritt man es, wird es zu einem Container, zu einem Projektionsraum, oder zu einem Archiv (das Verschiedenstes aufbewahren kann, beispielsweise sich selbst, als virtuelles Modell). Die Haut des Zeltes ist lichtdurchlässig. Die einzige Lichtquelle innerhalb des Raumes ist eine Projektion, die den realen Raum des Zeltes virtuell fortsetzt. Der Raum befindet sich in einem Zustand dauernder Auflösung und Transformation. Das latente Potential des wirklichen Raumes wird in der Projektion virulent. Der künstliche Raum (weil er variabler ist als der wirkliche) kann in der Projektion durch beständige Verwandlung die Stabilität der realen Architektur unterlaufen und deren instabile Momente sichtbar machen. Der von der wirklichen Architektur festgelegten Syntax wird vom virtuellen Raum widersprochen. Dieser Raum könnte als semantische Struktur des vorhandenen Raumes aufgefasst werden. Es scheint unmöglich zu entscheiden, welcher der beiden Räume zuerst existiert hat.

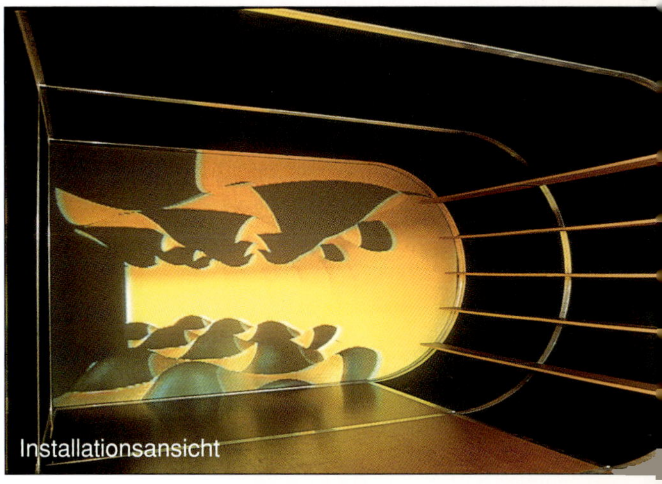
Installationsansicht

The tent is transparent, flexible and mobile, and it can be disassembled. It is a module which is compatible with itself. Regarded from the exterior, it could be either a container or a sculpture. When one enters it, it becomes a container, a projection room, or an archive (which preserves many different things, f. e. it preserves itself as a virtual model). The tents skin is permeable to light. The only source of light within the room is a projection in which the real architcture is continued in virtual space. Therefore, the structures are temporary, and the room tends to be in a state of perpetual dissolution and transformation. The latent potential of the real room becomes virulent in the projection. The artificial room (because it is more variable than the real one) undermines the stability of the actual architectural structure through continuous transformation. It renders its moments of instability visible. The virtual space contradicts and dissolves the architectures syntax It could be regarded as a kind of semantical structure. Deciding which of the two rooms existed first is impossible.

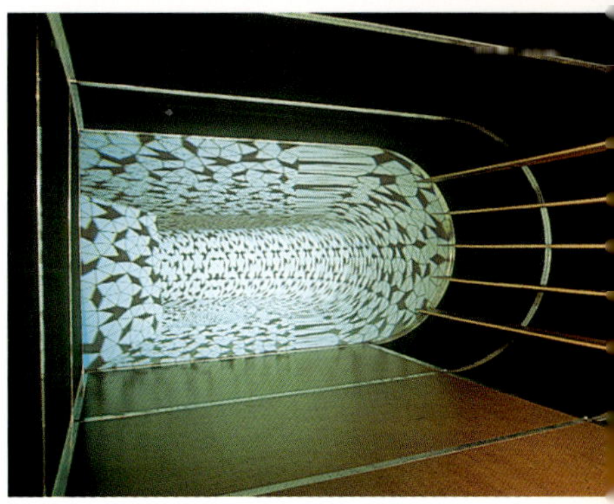

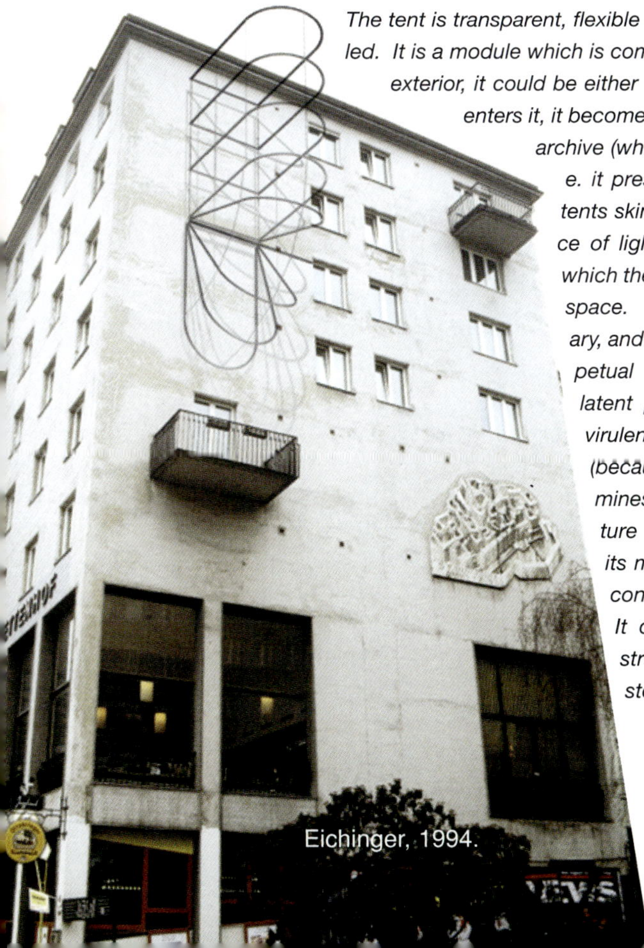
Eichinger, 1994.

TRUE/FALSE/ELSE
36 TRUTH TABLES

C. Ruhm 1993

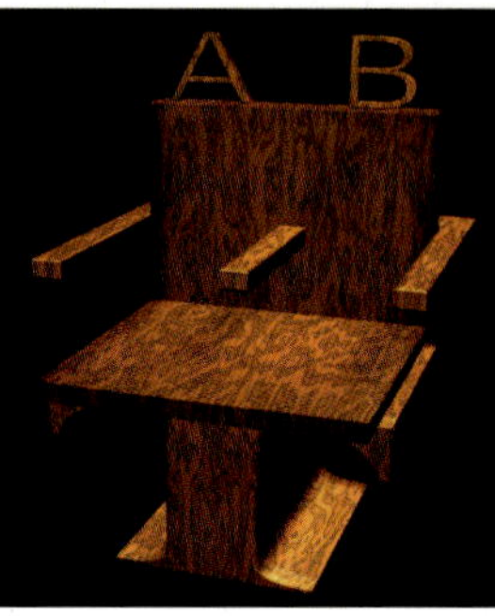

GIVE THE SELF A SHELF - Zur Grammatik der Gegenstände

Zeitgenössische Skulptur zeichnet sich unter anderem dadurch aus, daß sie ihren Objektbereich spezifiziert. Von einer anfänglichen Totalität, in der jedes Objekt zur Skulptur werden konnte, hat sich seit den 80er Jahren eine besondere Zone abgespaltet, die sich als Feld der Plastik geeignet zeigt, nämlich die Möbelwelt. Als Welt der Objekte, die sowohl Gebrauchsfunktionen wie auch komplexe räumliche Qualitäten aufweisen, die die konzeptuelle Logik des Readymades mit der Phantasie der Metamorphose verbinden konnten, erwiesen sich die Möbel. Der Raum wird nicht mehr durch räumliche Figuren dargestellt, sondern durch Signifikanten des Raumes, also durch (sprachliche) Zeichen. Die Ersetzung der Skulptur durch Objekte (einerseits), des Räumlichen durch Signifikanten des Raumes andererseits, ermöglichte eine neue Beziehung von Sprache und Raum, von Wort und Welt, exemplifiziert an der Beziehung von Buchstaben und Bauten, von Worten und Möbeln. Wahr und falsch sind Kategorien einer klassischen Ästhetik des Seins, die im Grunde auf einer naiven Korrespondenztheorie von Satz und Sachverhalt, von Sprache und Welt fußt. Eine Ästhetik des Werdens geht über die Dualität von wahr und falsch hinaus ins Reich des „Sonst". Ein spezielles Verfahren, sich in diesem weiten Land nicht zu verlieren, ist der Versuch, im Satzbauplan der Dinge selbst zu sprechen. Rekursiv wird zwischen Objekt- und Metaebene, zwischen Syntax und Semantik, zwischen Formalismus und Bedeutung operiert. Das Wort „Tisch" kann als räumlicher Tisch dargestellt werden, d.h. als Gegenstand. Es können aber auch die 5 Buchstaben T,I,S,C,H räumlich gebaut werden, sodaß zwar kein brauchbarer Tisch entsteht, aber die 5 Buchstaben bei entsprechender Größe tischähnliche Qualitäten aufweisen. Solche Automorphismen, Selbstabbildungen zwischen 2D und 3D, zwischen Sprach- und Objektwelt, können sich in Gruppen-Automorphismen fortsetzen. Wörter und Möbel wachsen gleichsam gemeinsam. Dann kann das Wort „Tisch" die räumliche Form eines Sessels oder eines Regals annehmen. Bei dieser Trennung von Form und Bedeutung, von Gestalt (z.B. Regal) und Begriff (z.B. Sessel) wird die Nichtidentität der Objektwelt selbst evident. Die Kombinatorik ist dabei nur ein Hilfsmittel, im Bereich der Nicht-Identität der Objekte zu operieren und Wachstum zu erzeugen. An die Stelle von Tautologie und Selbstreferenz, von Paradoxie und Widerspruch treten offene Kontextualität, Kombinatorik und Variabilität. Auf die digitale Poesie folgt die digitale Skulptur und beide zwingen einander zur Veränderung. Gerade in der Welt von 0 und 1, in der „elektr0inschen p0es1e" gibt es keine Zweiwertigkeit (falsch/wahr), sondern in ihr bildet sich das mathematische Modell einer Welt des nichtausgeschlossenen Dritten. Das cartesianische Subjekt, als res cogitans schon unendlich ausdehnbar, wird nun als res extensa unendlich variierbar. Die Eigenschaften von Geist- und Materialwelt werden aufeinander projiziert, abgebildet, bezogen. Eine Identität, ein Subjekt, stärker als Bewußtsein, emergieren.

Peter Weibel

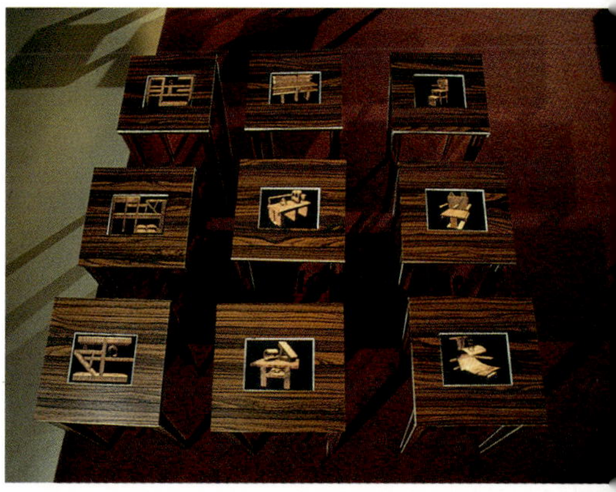

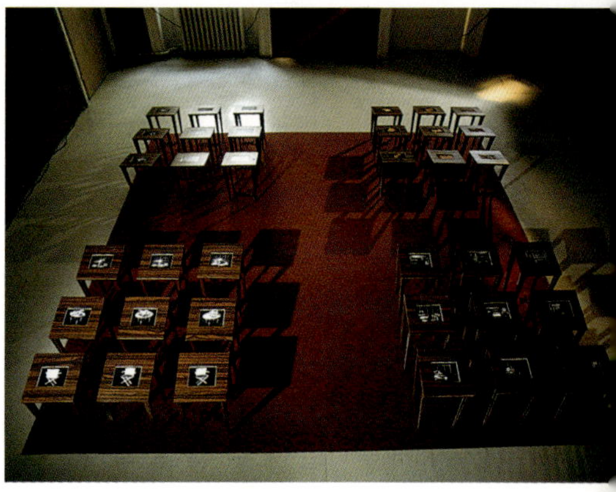

Installationsansichten

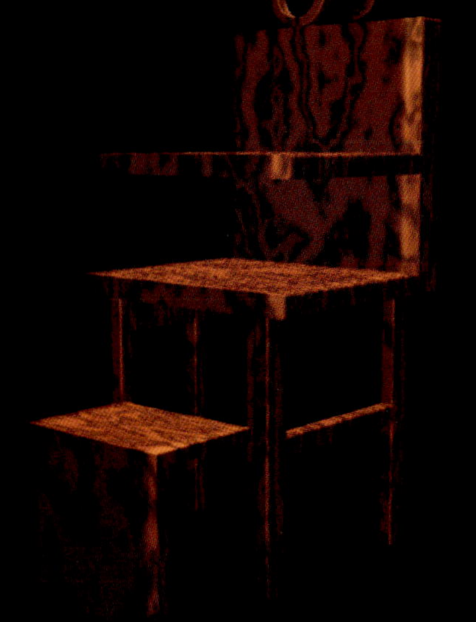

GIVE THE SELF A SHELF - On the Grammar of Objects

One feature of contempary sculpture is the inherent specification of their object area. After an early form of totality, where any object could become a sculpture, the 1980s saw the development of a special domain suitable for sculpting — the world of furniture. Furniture are part of the world of objects — serving as objects of daily use and at the same time possessing complex spatial qualities — and they unite the conceptual logic of ready-mades with the fantasy of metamorphosis. Space is no longer depicted by spatial figures, but by significants of space, i.e. through (language) signs. Replacing sculptures by objects on the one hand, and space by significants of space on the other, allows a new relationship between language and space, between word and world. This is exemplified in the relationship between letters and buildings, between words and furniture.

In a non-classical conception of reality, where process and dynamics dominate, it is not the sentences and objects which communicate, but the systems of reference, with the variable being the letters and the spatial constructions. Such a system of esthetics goes beyond the „true" and „false" into the area of „else".

We operate between the object and the meta level, between syntax and semantics, between formalism and meaning. The word „table" can be spatially represented as a table, i.e. as an object. Or the five letters T.A.B.L.E. can be represented three dimensionally, and although they might not form a useable table, the construction could have table-like qualities. Such auto-morphisms, self-depictions between two- and three-dimensionality, between the world of language and object can be continued in auto-morphisms of groups. Words and furniture develop together. The word „table" can assume the form of chair of a shelf. The distinction between form and meaning, between outer appearance (e.g. shelf) and term (e.g. chair) exemplifies the non-identity of the object world. The mechanism of combining is only a means to operate in the area of non-identity and to give rise to new developments. Digital poetry is succeeded by digital sculpture. Both force each other to change. In the world of 0 and I, in „electr0nIc p0etry" there is no duality (false/true) but the mathematical model of the non-excluded third.

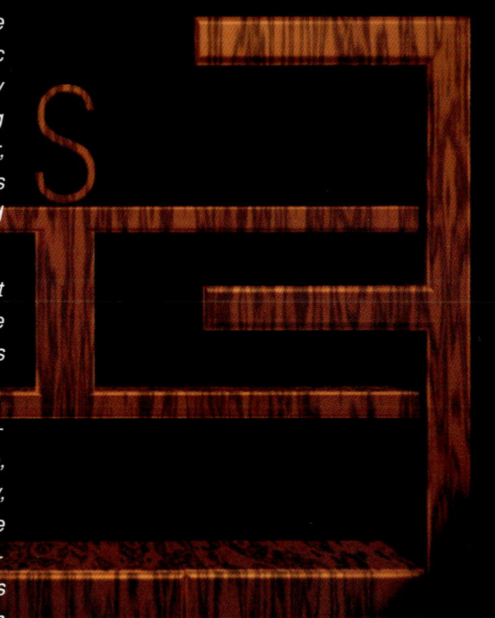

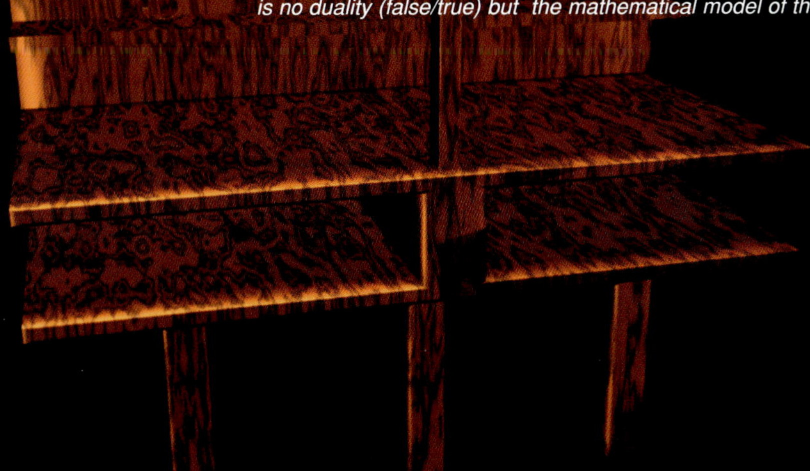

Table/SHELF. Shelf/SHELF. Chair/SHELF

PERFORMIERENDER RAUM 1993

PETER SANDBICHLER / FATHI AYDOGDU

Kunstraumschiff Stubnitz

Ein Ventilator (Windmaschine) am Boden des Trichters wirbelt etwa 500 weiße Styroporbälle durch einen geschlossenen Raum. Sechs Laserstrahlen, die diesen Raum durchqueren, sind über ein Soundmodul mit jeweils einem Ton verbunden. Sobald ein Laserstrahl durch einen Styroporball unterbrochen wird, gibt der Computer einen Ton frei.
Eine seitlich montierte Videokamera filmt die Bälle. Dieses Signal wird durch einen Mixer geschleift, wonach es einerseits auf einer für die Zuschauer sichtbaren Videowand oberhalb der Glasplatte erscheint und andererseits über einen Videobeamer auf die wirbelnden Bälle zurückprojeziert wird.
Eine Panzerglasplatte, auf der die ZuschauerInnen sitzen, stehen oder liegen, trennt sie vom Aktionsraum, der für diese weder zugänglich noch beeinflußbar ist. Aus der Tiefe eines Black Cube wirbeln weiße Styroporbälle empor und prallen an den Glasboden. Die stroboskopartigen Videoprojektionen bringen sowohl die Grenzen des Raumes als auch die Quellen der Bewegung für die BetrachterInnen zum Verschwinden. Das Geschehen unter der Glasplatte erscheint als Spiel, das seine Regeln permanent neu schreibt. Auf neun Monitore, die als Videowand ein vertikales Double zur horizontalen Glasscheibe bilden, werden Bildsignale des performierenden Raumes in drei Variationen übertragen (analog, als Rückkoppelung bzw. per Stroboskop-Effekt verlangsamt).
Die wirbelnden Bälle, die sowohl Quelle als auch fluktuierende Projektionsfläche der visuellen Signale sind, erzeugen verschiedene Dichten von Bildern und Sounds, welche den Raum permanent neu definieren.

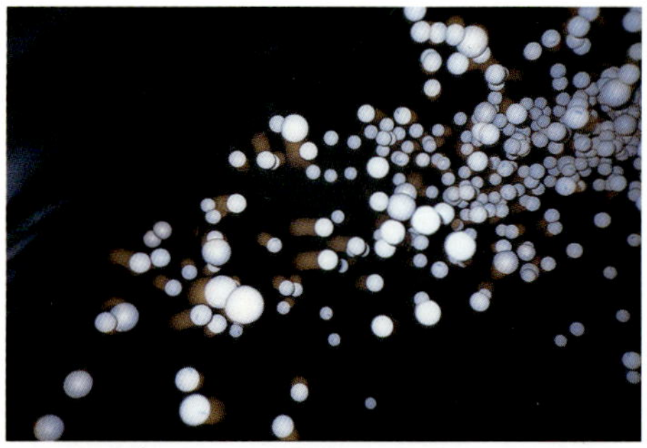

Foto: Thomas Sandbichler

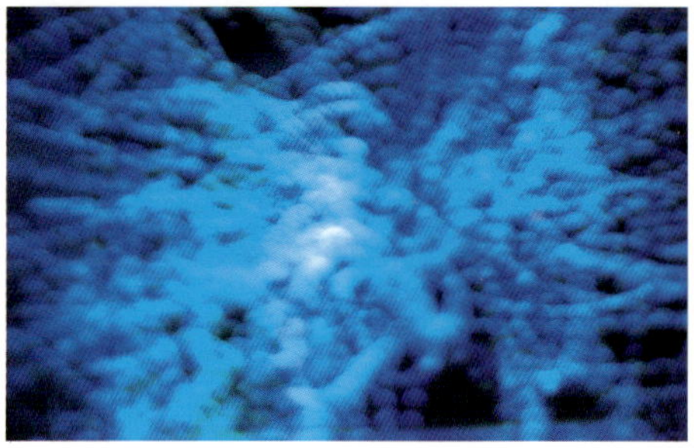

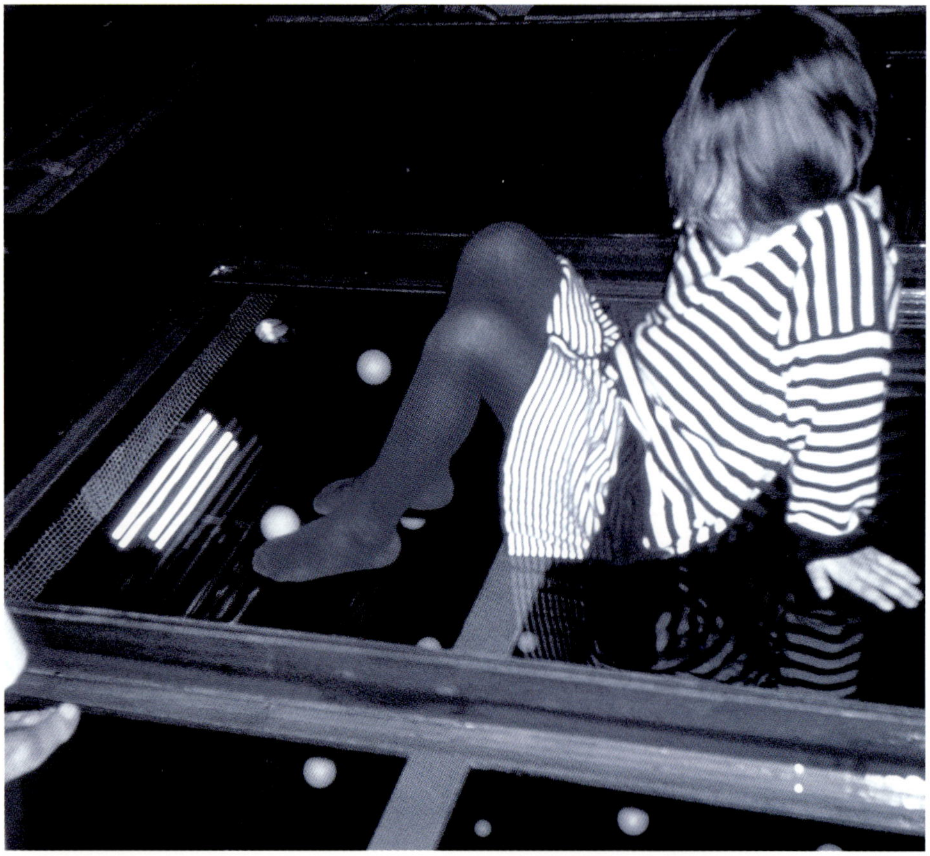

PERFORMING SPACE

A fan (wind machine) at the bottom of a funnel swirls approximately 500 white styrofoam balls around in an enclosed space. Six laser beams intersect the space. Each of them is connected to a specific sound, and every time a laser beam is disrupted by a ball, the computer produces the respective sound.
A video camera films the moving balls from the side. The camera signals are then transfered through a video mixer, and simultaneously projected onto a video screen in the room and back onto the swirling balls. The audience is sitting, standing or lying on a bullet-proof glass plate. The glass plate separates them from the performing space below, which is thus neither accessible nor controlable. From the depths of a black cube white styrofoam balls whirl up and hit the glass plate. Stroboscopic video projections dissolve the spatial boundaries and make the source of movement disappear for the audience. What is happening below the glass plate seems like a game which is constantly re-writing its own rules. Nine monitors are arranged in the form of a video screen and thus form a vertical counterpart to the horizontal glass plate, portraying the visual signals in three variations (analog, back-coupled and stroboscopically decelerated).The swirling balls - source as well as fluctuating projection area of the visual signals -produce various densities of images and sounds - leading to a constant redefinition of the space.

O.T. 1991

Digitale Fotografie

Peter Sandbichler/Simon Wachsmuth

Galerie Grita Insam, Wien 1991

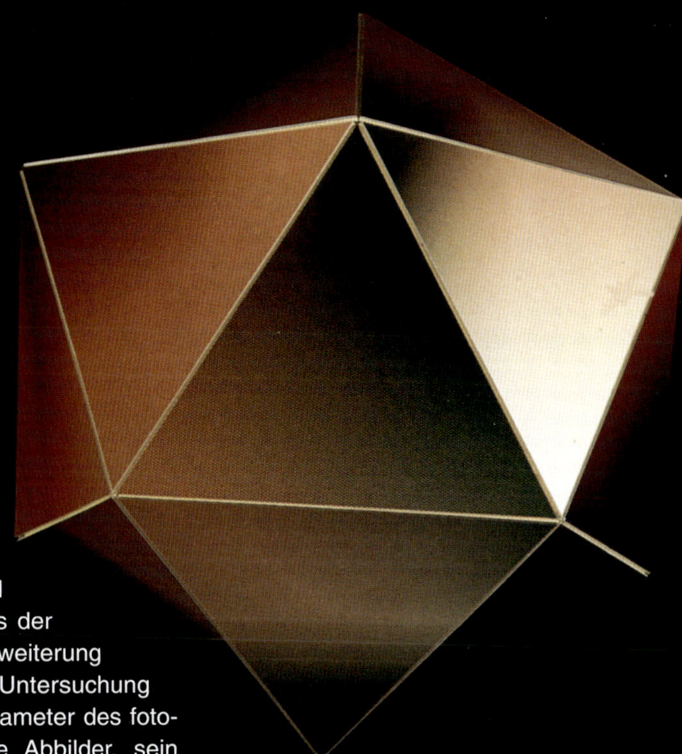

Peter Weibel Die Fähigkeiten des Fotoappara-tes als Bilderzeugungsmaschine erweisen sich heute als begrenzt. Eine andere intelligentere Maschine, der Computer, hat in vielen Fällen seine Funktion übernommen. Der Computer erweitert die Möglichkeiten des historischen Bildautomaten Kamera. Aus der Paarung von Kamera und Computer als sich gegenseitig verstärkende und ihre Möglichkeiten erweiternde Maschinen entsteht die digitale Fotografie. Sand-bichler und Wachsmuth entwickeln ihre digitale Fotografie direkt aus der Abbildungsproblematik selbst, die durch die digitale Erweiterung des Fotoapparates einer neuerlichen avancierteren Untersuchung unterworfen werden kann. Dabei folgen nämlich alle Parameter des fotografischen Bildnisses, sein Konstruktionsprinzip, seine Abbilder, sein Trägermaterial, seine Flächen-gestaltung, seine Faktur, dem gleichen Prinzip, nämlich der Selbstreferenz. »Alles ist aus Dreiecken«. Eine Fläche wird durch eine Vielzahl von Dreiecken erhöht und vertieft (Side-View), sodaß die Aufsicht auf die Fläche, die 3-D-Konstruktion, ein Muster aus Dreiecken ergibt (Front-View). Aus diesen Flächen, gleichschenkeligen Dreiecken, 20 an der Zahl, werden Körper (aus der Familie der regelmäßigen Körper) erzeugt, nämlich Ikosaeder, ideale Körper. Das 3-D-Programm (aus Polygonen) erzeugt also die 3-D-Konstruktion einer Fläche; diese Flächen erzeugen 3-D-Körper, auf denen wiederum das 3-D-Konstruktionsprinzip abgebildet ist. Diese Abbilder (Computergraphiken) sind mit einem Amiga 3-D- Programm erstellt, vom Bildschirm fotografisch abgenommen und auf die Flächen des Ikosaeder aufgeklebt worden. Aus diesen Selbstabbildungen von Konstruktion und Produkt, von Fläche, Bild und Körper entsteht eine ideale Selbstreferenz. Raum und Abbildung des Raums werden durch diese Selbstreferenz eine Einheit. Die Körper werden transparent. Sie zeigen ihre Konstruktion (als Draht-Modelle) wie auch ihr Produkt (das fertige »wirkliche« Modell). Die sich selbst als Bild enthaltenden plastischen Gebilde zeigen ein Stadium der Medienkunst, wo Wirklichkeit und 3-D-Wirklichkeit (digital simulierte Wirklichkeit) konvergieren. Diese selbstreferentiellen Objekte, Stufen eines neuen Skulptur- und Bild-begriffs, lösen eine Kette von Entkoppelungen traditioneller Raumerfahrungen aus, die wir als Dislokationen empfinden können. Sie stellen einen perforierten, virtuellen Raum im realen Raum selbst vor. In ihrer Verbindung von 3-D-Simulation und Objektualität, von digitaler Fotografie und Skulptur sind sie legitime Plastiken im Zeitalter der telematischen Zivilisation.

Today, the capacities of the camera as an image producing machine are proving to be limited. Another intelligent machine, the computer, has taken over many of its functions. The computer extends the possibilities of the historical image machine camera: digital photography emerges from the coupling of camera and computer as mutually enhancing machines extending their possibilities. Sandbichler and Wachsmuth develop their digital photography and the very basis of the representational problem itself which can be subjected to advanced investigation on the basis of the digital elaboration of the camera. They use the principle of self-reference. „Everything is triangular". A surface is elevated and recessed (side view) by triangles, 20 in total, bodies (belonging to the family of regular solids) - icosahedrons, ideal bodies. The 3D program (consisting of polygons) thus creates the 3D construction of a surface: these surfaces create 3D bodies on which the 3D constructional conception is in turn depicted. These representations (computer graphics) have been created with a 3D program, photographed from the screen and stuck on the surfaces of the icosahedron. The bodies become transparent. They show their construction (wire-frame models) and their product (the finished „real" model). The plastic shapes containing themselves as an image display a stage of media art in which reality and 3D reality (digitally simulated reality) converge. The self-referential objects trigger a chain of decouplings of traditional spatial experiences that we may see as being dis-locations. They are legitimate sculptures in the age of telematic civilisations.

TRANS/FORM 1993

Peter Sandbichler

Interaktive Skulptur, Ars Electronica, Linz

Die Skulptur „TRANS/FORM" ist ein offenes System. Sie setzt sich aus beliebig vielen Teilen zusammen. Ihre Position im Raum ist variabel, so wie alle anderen Parameter, die ihre Form bestimmen.

Dieses System kann bestimmten Regeln unterworfen sein, die Einfluß auf Gestalt und Veränderung der Parameter haben Die einzige Regel, die zwingend ist und sich aus der Form des einzelnen skulpturalen Elements ergibt, ist die Kompatibilität der Elementprofile mit sich selbst. Jedes Modul der Skulptur entsteht am Computer. Das Environment ist künstlich, bevor die Arbeit in den realen Raum extrapoliert wird. Die Entstehung und Gestaltung dieses Modells wird zufälligen Prozessen unterworfen, die vom Künstler nicht mehr bewußt entschieden werden. Eine Form („Gestalt") entsteht durch blindes Skalieren, Transformieren, Positionieren (indem bei der Erstellung des Computermodells beispielsweise nur eine Raumansicht berücksichtigt wird). So entgeht der Künstler den Fallen einer Ästhetik der Gestaltung. Die Module lassen sich ineinander stecken und verschieben, im virtuellen Raum frei skalieren. Sie werden zu unterschiedlichsten Modellen einer Basisform und unterliegen ihren eigenen Wachstumsgesetzen. Der Benutzer ist in der Lage, einen beliebigen Zustand der Skulptur herzustellen und wieder zu verwerfen.

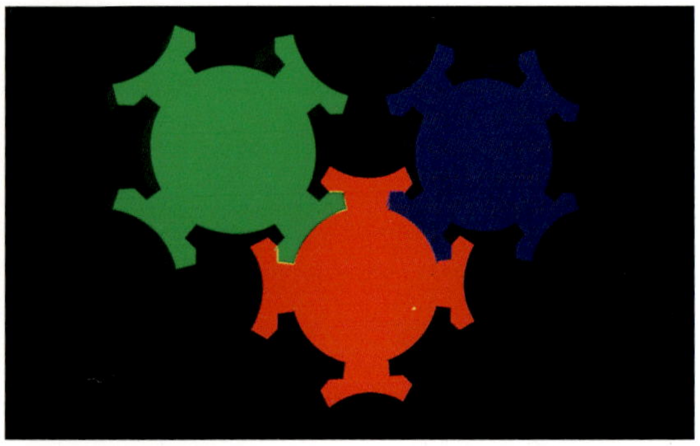

„TRANS/FORM" besitzt in der räumlichen Ausführung keine definitive und endgültige Gestalt, sondern wird in einem prozessualen und historischen Zusammenhang gerückt. Die skulpturale Praxis von „TRANS/FORM" schafft ein chaotisch-dynamisches System, das aufgrund der Vernetzung unterschiedlichster Assoziationen von gesellschaftlichen, wissenschaftlichen und historischen Erfahrungen (Molekularketten, DNA, Wachstumsalgorithmen, künstliches Leben) ein gegenüber selbst kleinsten Veränderungen seiner Anfangsbedingungen bzw. Parameter sehr sensibles System ist und gerade deshalb ein Modell komplexer Wechselwirkungen unseres Environments darstellt.

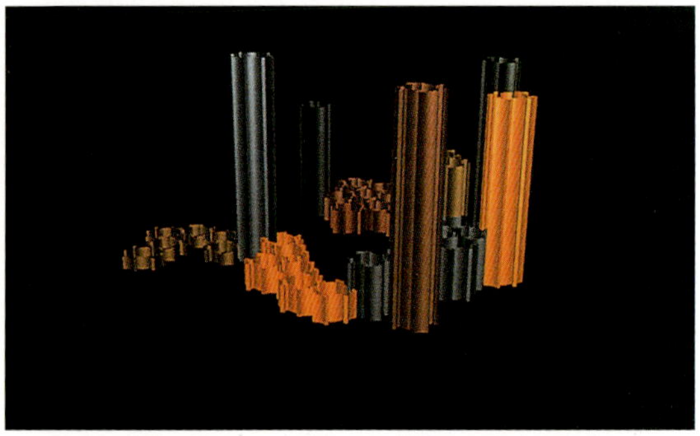

Sculpture is an open system. It consists of any number of parts. Its position in space is variable, just like the other parameters that determine its shape. As new spaces are opened up (computer generated, artificial spaces), a sculptural concept also has to change. Just as the function, morphology, meaning and semantic space (verticals, horizontals, social sculpture ...) of the sculpture concept has been transformed in recent decades, altered concepts are now being introduced into the theory and practise of sculpture creation (the flexible, variable, randomised sculpture). The sculpture model takes shape on the computer. The surroundings are at first artificial, before the work is extrapolated into real space. The creation and design of the model is subject to random processes that the artist no longer consciously controls. A form (shape) is created through "blind" scaling, transformation, positioning (in that the computer model only takes into account one spatial view). This way the artist escapes the traps of a formal aesthetic. The elements of the sculpture can be changed in the space by the viewer. This has the effect that even in its solid form the sculpture has no definitive and final shape but is put in a processual and historical context. Through the altered function of the sculpture and its variability, its temporary, provisional structure also become models of social, biological, chaotic contexts and systems, as changing one parameter influences others.

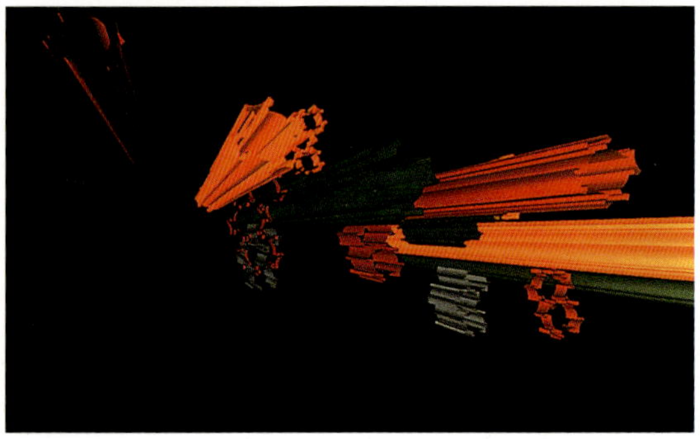

Constanze Ruhm

EVA SCHLEGEL

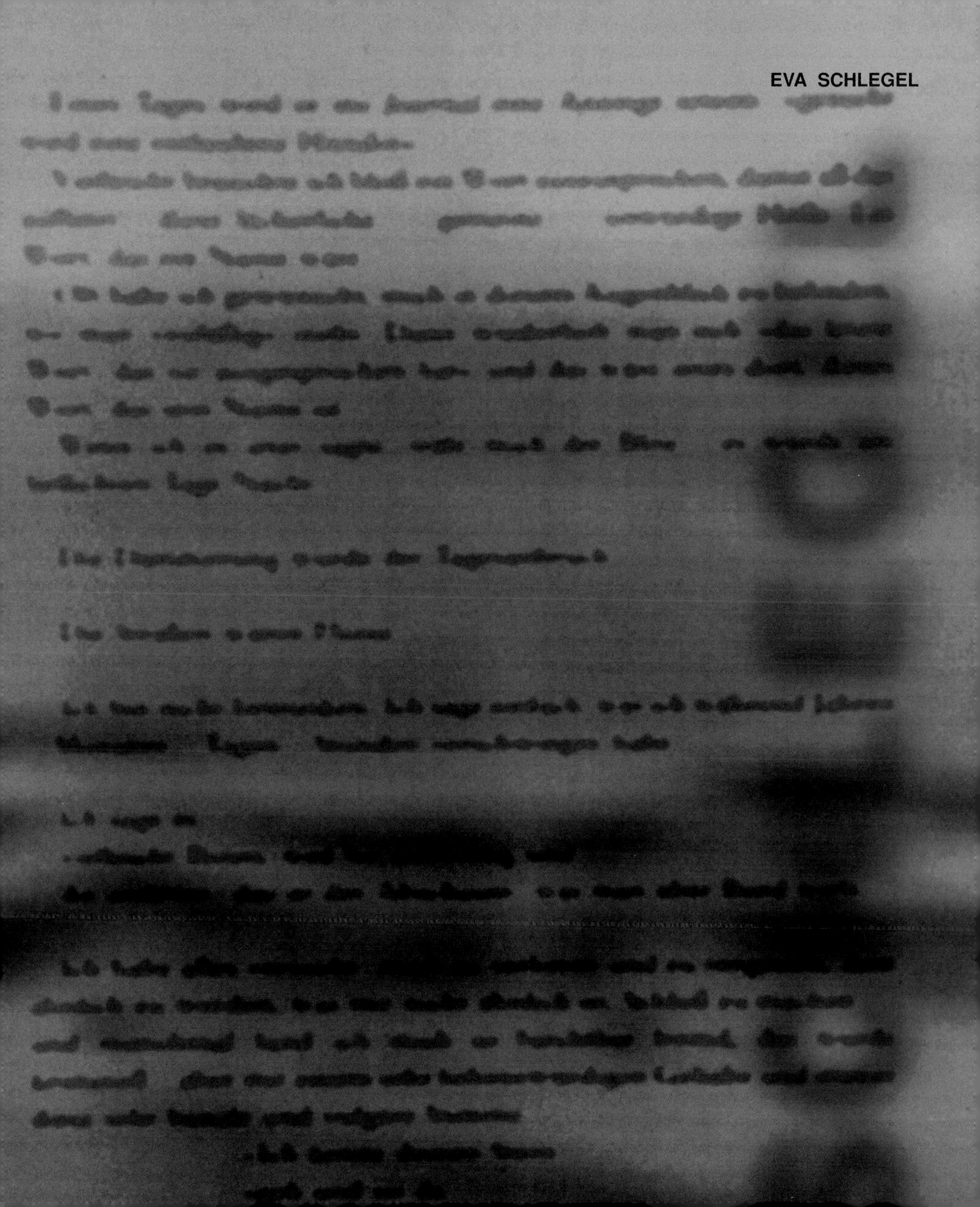

Eva Schlegels Arbeit für die diesjährige Venezianische Biennale ist nicht voraussetzungslos. Sie schließt an Installationen an, in denen sie bereits Textseiten aus Glas in den Raum stellte oder in den Raumzusammenhang von Innen und Außen integriert hat. Auch die Tatsache, daß Eva Schlegel mit ihren Bildthemen gebrochen hat und von der provokanten Inhaltlichkeit Abschied nahm, hat eine innere Logik, die hier noch analysiert werden soll. Neu und aufregend ist in Venedig die Tatsache, daß der Raum nicht als formaler Rahmen begriffen wird, sondern daß Eva Schlegel wie auch die an dem Beitrag in Venedig beteiligten Architekten der Gruppe COOP-Himmelb(l)au sich mit ihren Installationen mit der historischen Architektur des 1934 entstandenen österreichischen Pavillons auseinandersetzen, ihre Arbeit mit der historischen Bausubstanz verschränken. Eva Schlegel hat mit ihren unscharfen Texten auf transparentem Glas die Metapher des durchsichtigen Buches geschaffen, welches das Thema von Erscheinen und Verschwinden fortführt, das in allen ihren Arbeiten eine Rolle spielt. Noch stärker als zuvor ist in Venedig die Partizipation des Betrachters gefordert. Erinnern wir uns an ihre bisherigen Arbeiten! Immer wird der „Leser" der Bilder aufgefordert, den Sinn herzustellen. Der pornographische Inhalt mancher, auch als Diptychen konzipierter Werke, hat weniger mit einer subjektiven Obsession zu tun als vielmehr mit dem Wissen, daß es dem voyeuristischen Betrachter gerade um die Aufklärung des Sachverhalts geht, der sich jedoch nicht klar und deutlich darstellt. Es geht hier wie später um die „Ambivalenz von Verschwinden und Erscheinen" (ES). So wie der unscharfe Text sich entzieht und der Betrachter mit seiner Anstrengung zurückbleibt, die Botschaft zu enträtseln, die ihn allein mit seiner Erfahrung einer verschlüsselten, jedoch potentiell vorhandenen Inhaltlichkeit zurückläßt, wird er wie in den anderen Arbeiten, etwa auch den Lackarbeiten auf Gips, in denen er sich spiegelt, auf sich zurückgeworfen. Die unscharfen Texte verstellen dem Betrachter in Venedig den Weg, er blickt jedoch durch den Text auf den Raum der Architektur. Die Unschärfe des Textes, der in Form der transparenten Tafeln Botschaftscharakter gewinnt, etwas zu verkünden scheint, dessen Inhalt wir nicht erfahren, lassen uns mit der Aura des Numinosen allein. Eva Schlegel hat in ihrer konkreten Phase das sexuelle Bild in ein Rätselbild und eine nicht selten abstrakte Textur aufgelöst.
In den abstrakten Texten spielt die Realität des umgebenden Raumes immer eine Rolle. „Es ging mir um eine Sichtbarmachung des Raumes, Gedankenraumes, und im übertragenen Sinn eines realen Raumes" (ES), also die Konfrontation des Realität beschreibenden und analysierenden Textes mit der Realität sowie beider Verschränkung in einem exemplarischen Sinne. Eva Schlegel kritisiert nicht nur die präfaschistische Architektur, sondern sie bringt einen Filter an, sie will den „überlagerten Blick auf Geschichte, eine räumliche und zeitliche Vernetzung zwischen alter und neuer Substanz, Innen und Außen" (ES). Sie urteilt und verurteilt nicht, schafft jedoch die ihr notwendig und wesentlich erscheinende Distanz.

Peter Weiermair

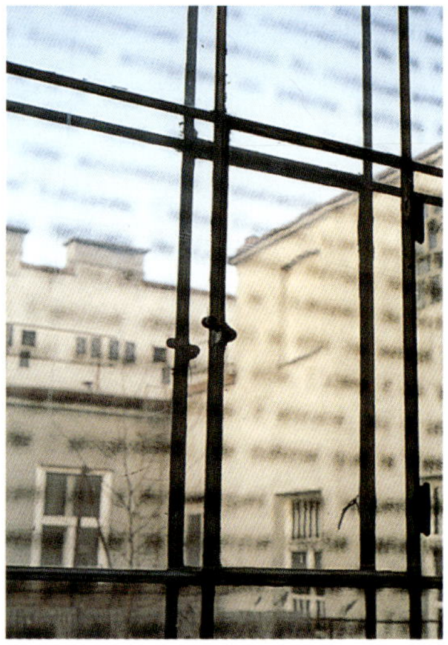

Installationview Prospect 93,
Frankfurter Kunstverein

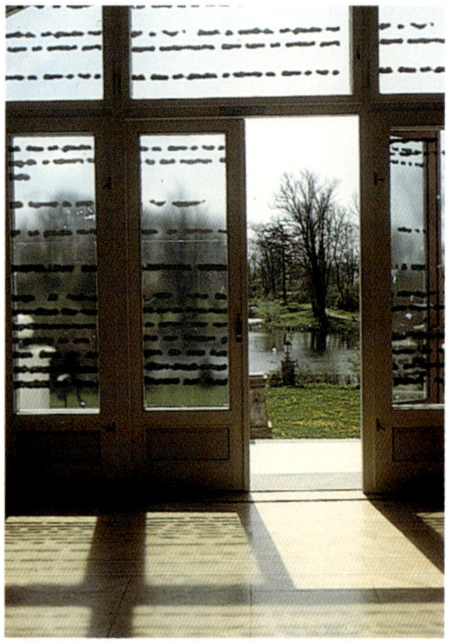

Installationview Salzau 1995, Kiel

Mitarbeiter *Coworkers*: Stefan Sandner, René Schweiger

The work of Eva Schlegel for this year's Venetian Biennial is not without precondition. It refers to installations in which she previously posed pages of text, on glass, in a space or integrated the work in an inner and outer space-relation. The fact also that Schlegel broke with her pictorial themes and took her leave from provocative content has an inner logic which should be analyzed here. New and exciting is the fact that the space is not treated as a formal frame, instead Eva Schlegel and the architects of the group Coop Himmelb(l)au, contributing to the participation in Venice, examine the historic architecture of the Austrian Pavilion built in 1934, with their installations and inter-connect their work with the historical construction. Eva Schlegel has created the metaphor of the transparent book with her blurred texts on transparent glass, in which the theme of appearing and disappearance is continued throughout, playing a role in all the work. The viewer's participation is more forcefully required than before. Let's remind ourselves of the previous work! The „reader" of pictures was always demanded to determine the significance. The pornographic content of some of the works, conceived as Diptychs has less to do with subjective obsession than with the knowledge that for the voyeuristic observer it is particularly about a clarification of the depiction which never really, clearly shows itself. It is here, as is later, about the "ambivalence of disappearing and appearing " (E.S.). Like the blurred text withdraws from itself and the observer is left behind with his effort to determine the message that leaves him alone again with the experience of a coded, however potentially available content, so he is thrown back on himself as in the other works, for instance the lacquer on plaster works where he mirrors himself. The blurred texts obstruct the path of the viewer in Venice, who looks however through the text to the real space of the architecture. The blurring of the text, in the form of a transparent panel which achieves a message-character, appears to announce something, whose content we never get to know and leaves us alone with the aura of the numinous. During her concrete phase Eva Schlegel resolved the sexual image into an enigmatic, riddle image and often into an abstract texture.
In the abstract texture the reality of the surrounding space always plays a role.
"It is for me about a visualization of the space, an imaginary space - and in an exaggerated sense a real space" (E.S.), therefore the confrontation between the texts describing and analyzing reality and reality itself, as in the interconnection of both in an exemplary sense. Eva Schlegel criticizes not only the pre-fascistic architecture but she imposes a filter, she wants the "overlaid view of history, a spatial and temporal link between old and new substance, interior and exterior "(E.S.). She does not judge or accuse she achieves however the apparently necessary and essential distance.

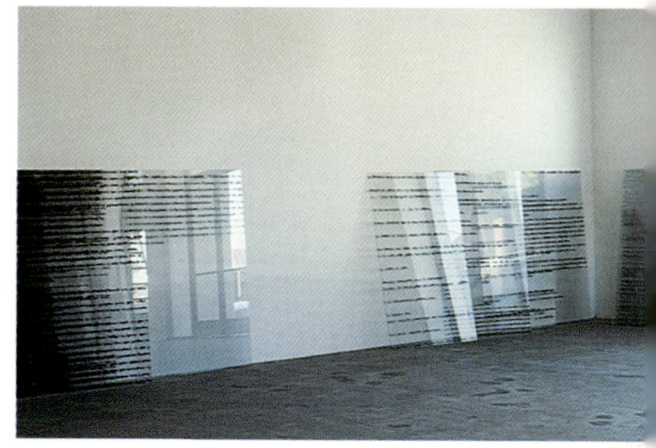

Installationview Shoshana Wayne Gallery 1994, Los Angeles

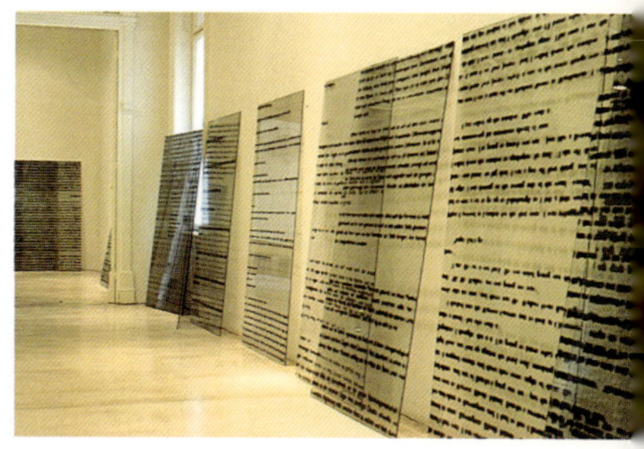

Installationview Galerie Krinzinger, 1993, Vienna

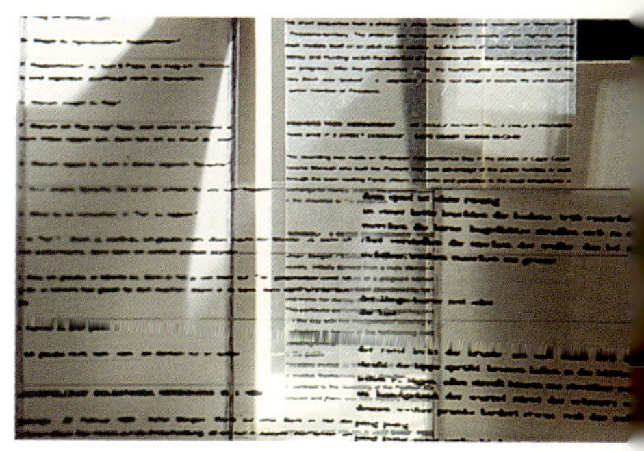

Biennale di Venezia 1995, Detail

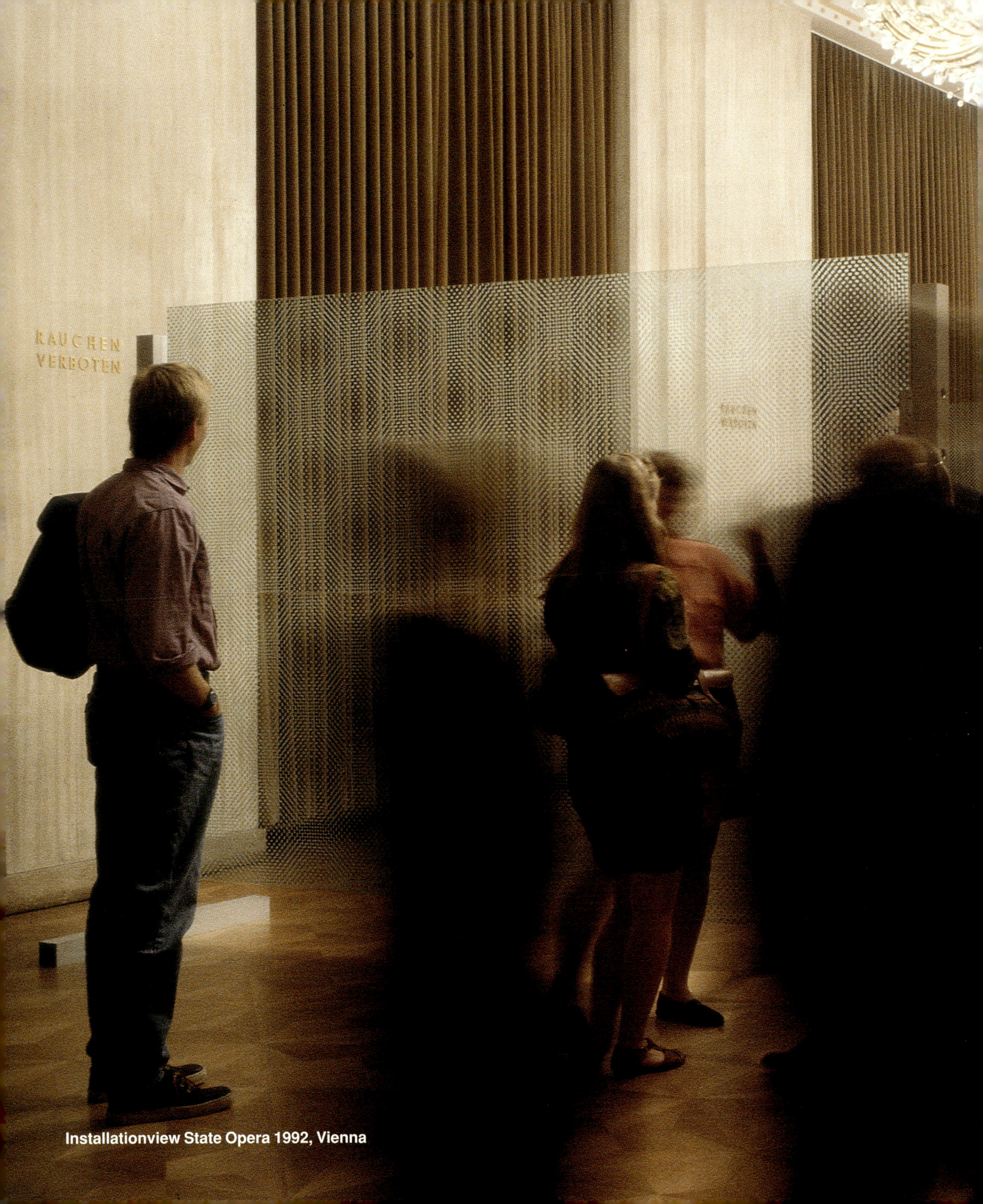

Installationview State Opera 1992, Vienna

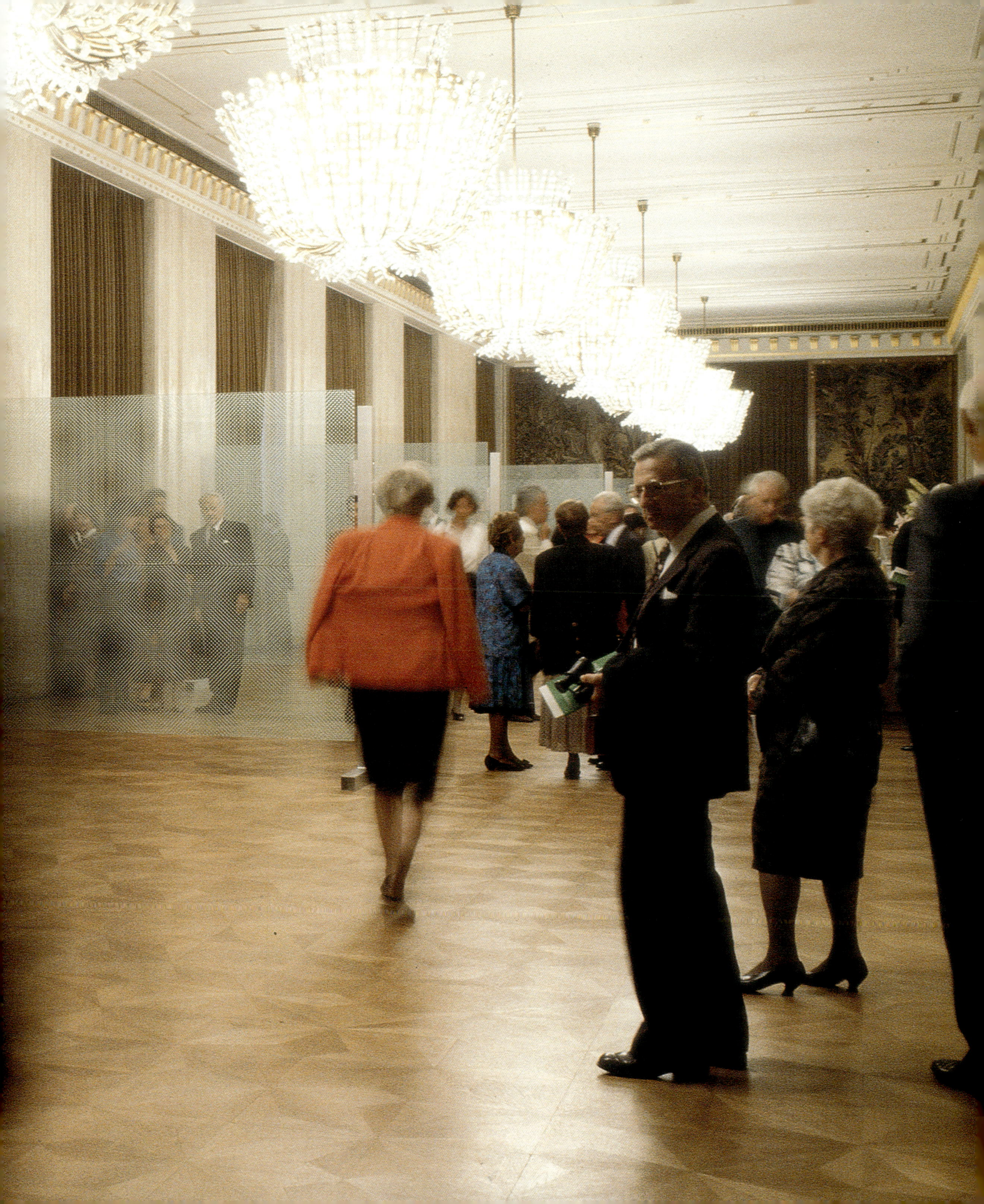

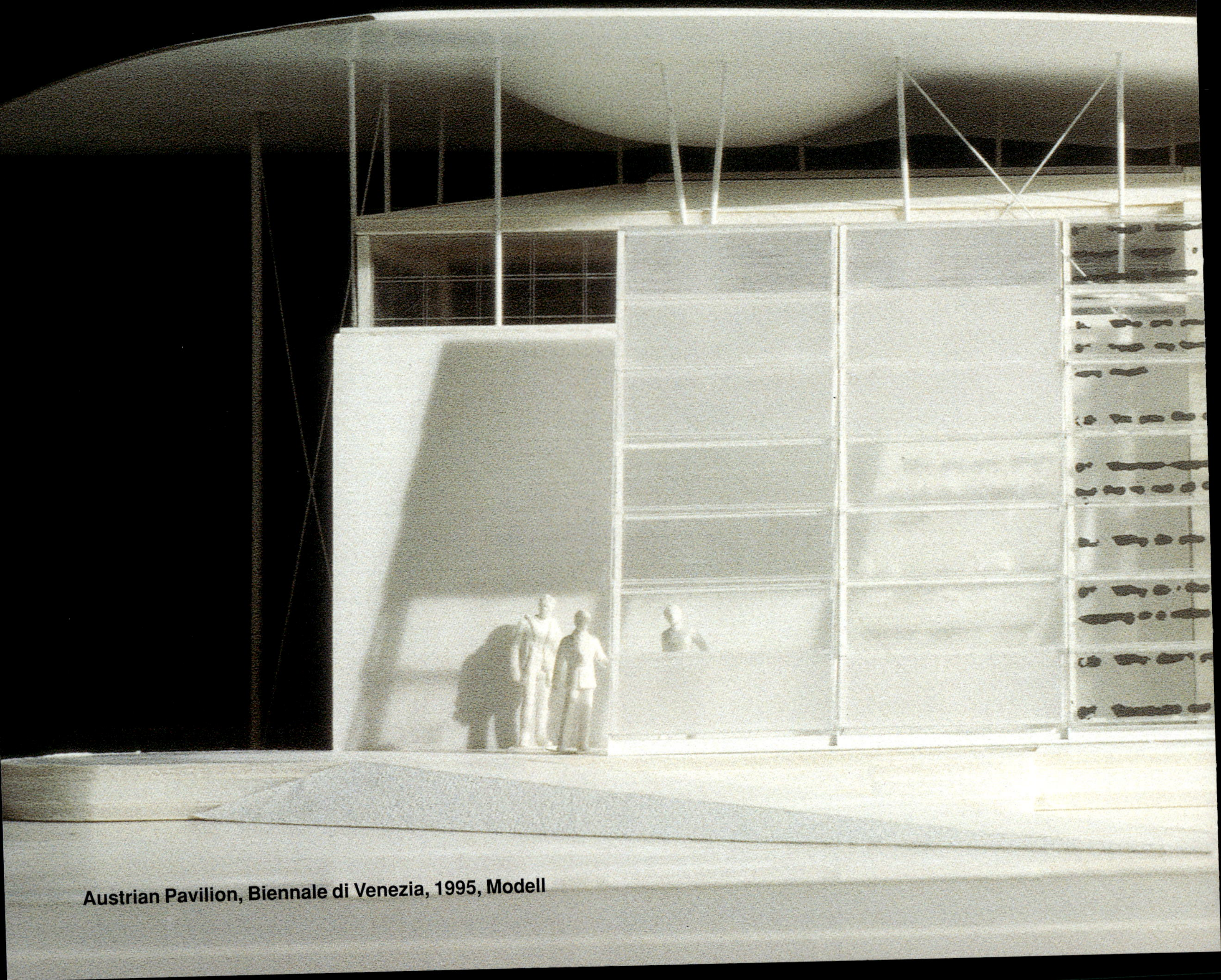

Austrian Pavilion, Biennale di Venezia, 1995, Modell

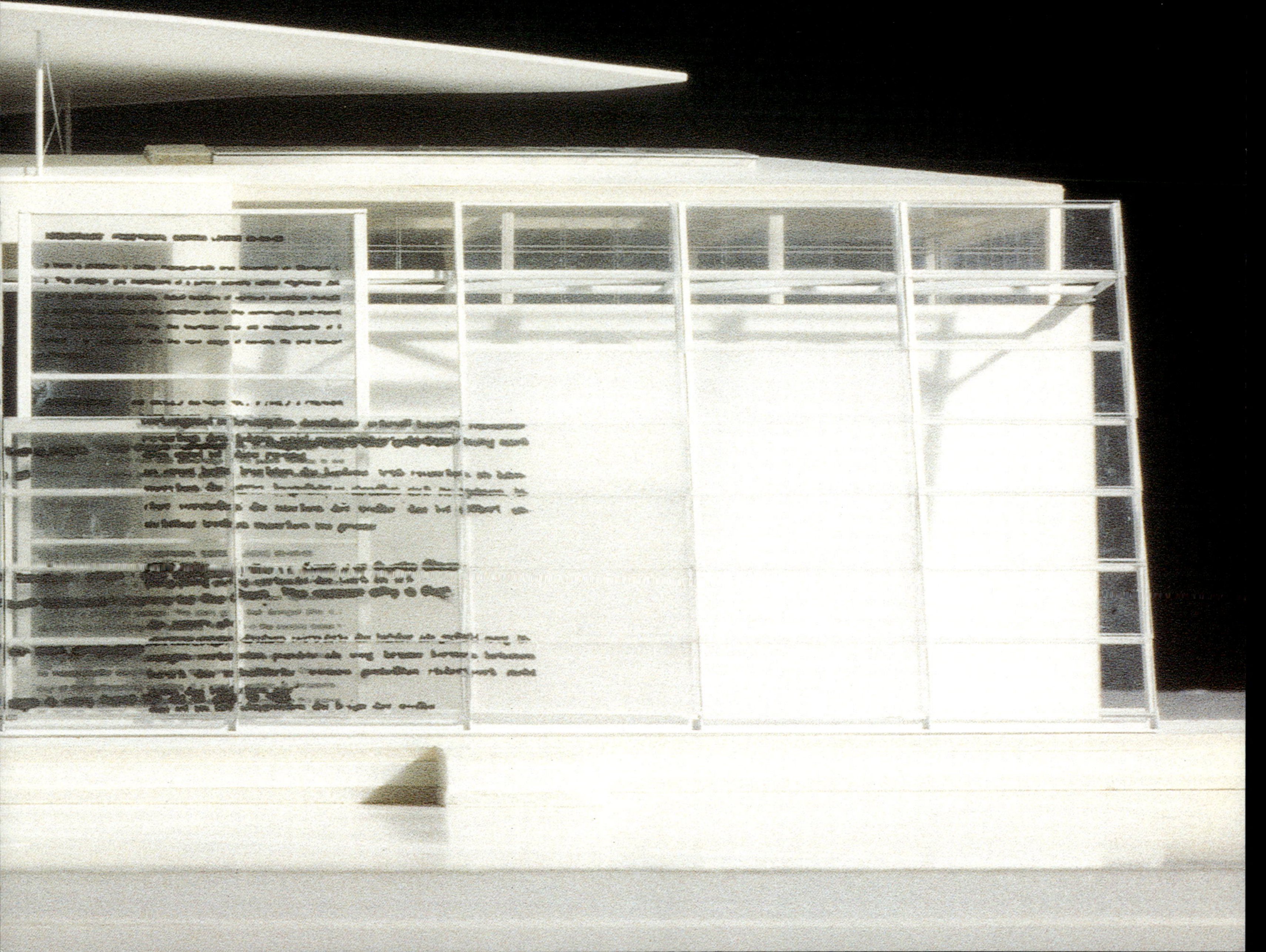

Austrian Pavilion, Biennale di Venezia, 1995, Modell

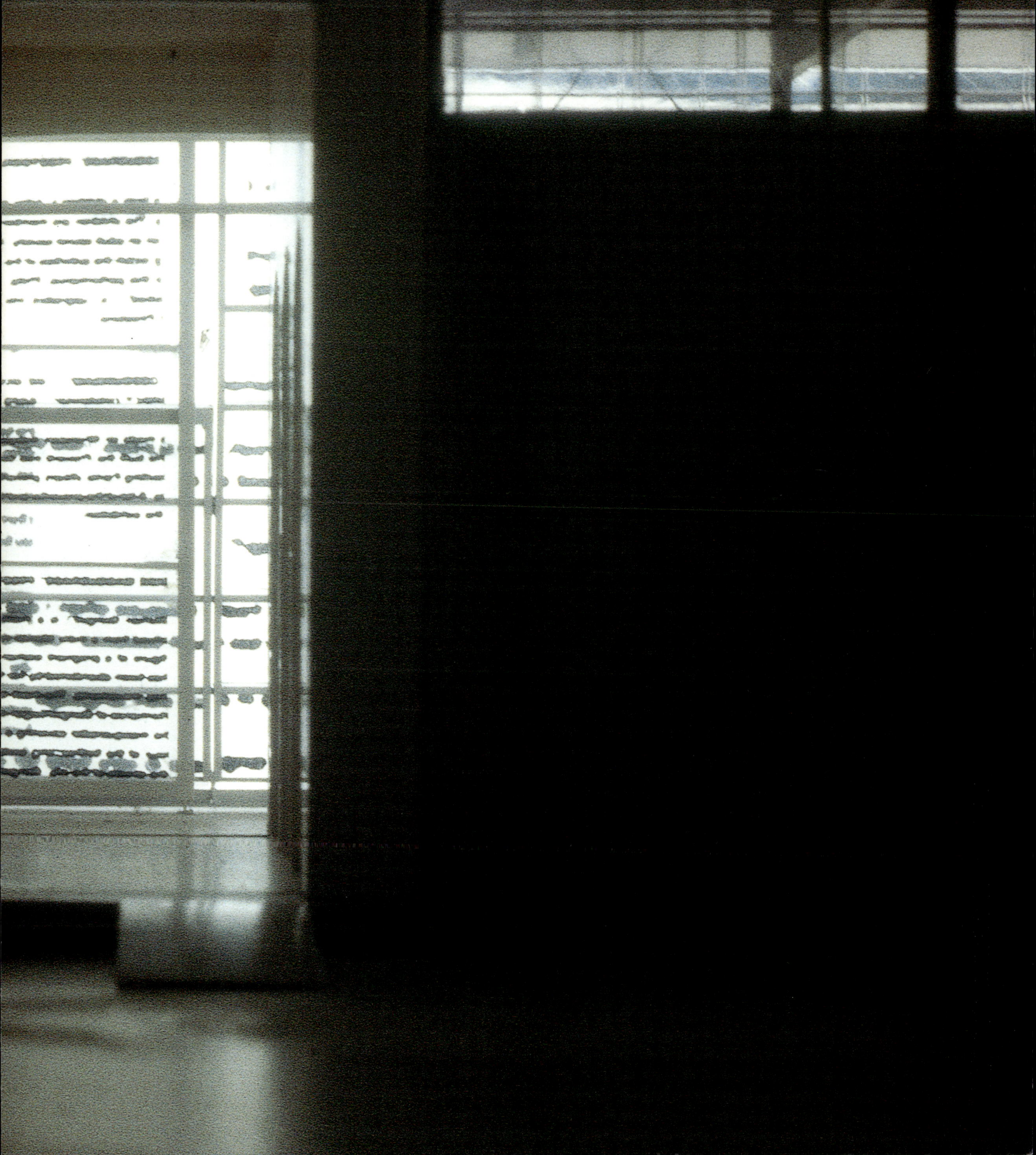

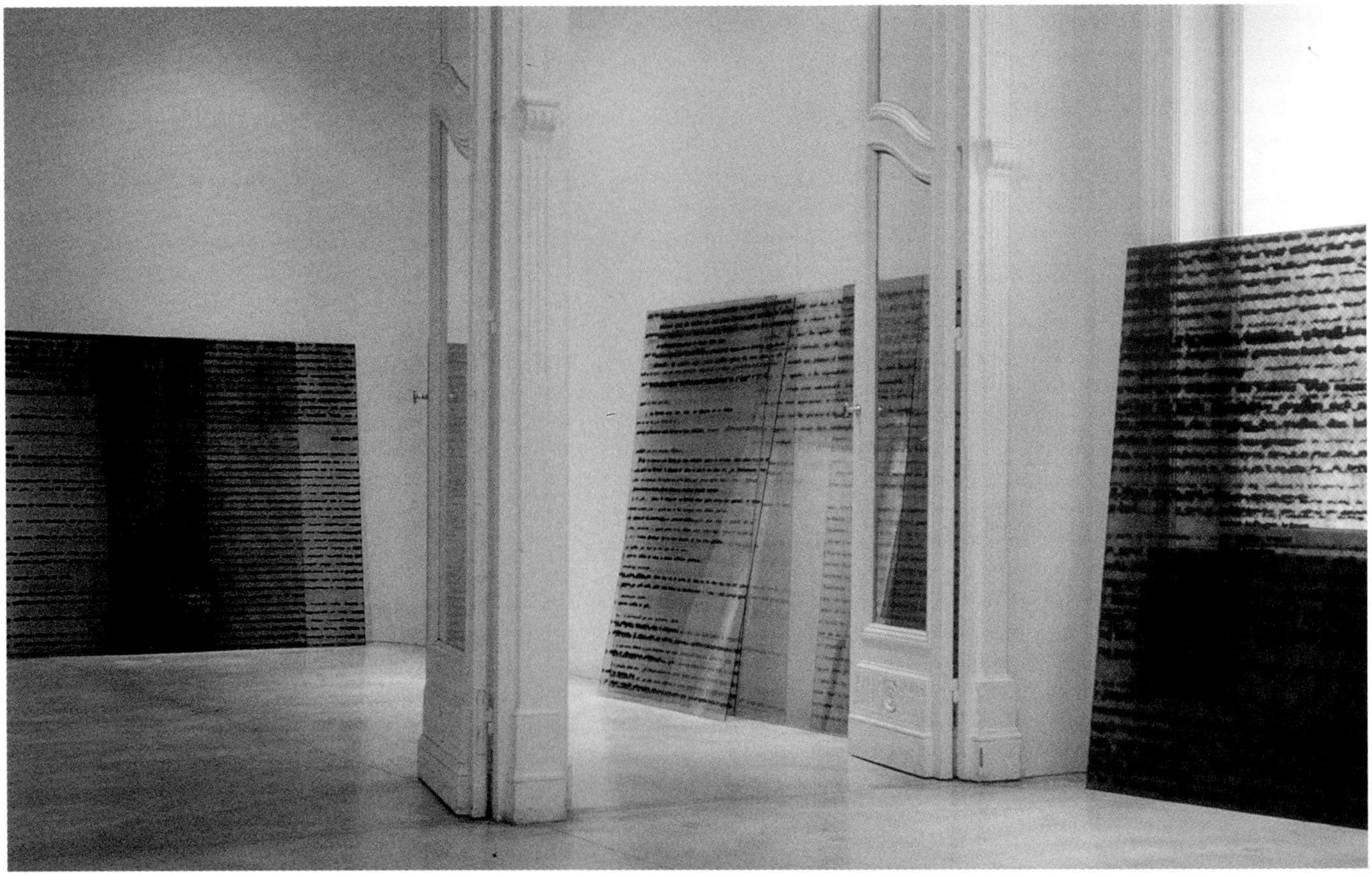

Installationview Galerie Krinzinger 1993, Vienna

RUTH SCHNELL

BODY

SCANNED

ARCHITECTURE

SCHNELL

BODY SCANNED ARCHITECTURE 1995
Österreichischer Pavillon, Biennale di Venezia

Interaktives Computer-Environment
Software-Design und Computer-Programmierung: Gideon May

Videoprojektion, Videokamera, Onyx Reality Engine, Indigo2 Extreme2;

In einem leeren Raum kann der Betrachter auf einer Großbildprojektion über seine Körperbewegungen ein virtuelles, im Realraum nicht vorhandenes Ensemble architektonischer Elemente „abscannen“ und dabei sichtbar machen. Das Bild von der Körpergestalt wird zur Ober-fläche dieser Elemente - vergleichbar mit Stoffteilen, die über dreimensionale Drahtgittermodelle gelegt werden. Auf diese Weise entstehen architektonische Körperverzerrungen, die sich mit den Bewegungen des Betrachters im Aktionsraum verändern. Der Ausschnitt des virtuellen architektonischen Environments verändert sich entsprechend den Bewegungen des Betrachters und vergrößert sich mit der Anzahl der Personen im Aktionsraum.
Die Elemente im virtuellen Architekturraum sind architektonische Zitate von Formen, wie sie Friedrich Kiesler und Josef Hoffman entwickelt bzw. verwendet haben. Eine virtuelle Kamera fährt durch den Computerraum an diesen Elementen vorbei, umkreist schließ-lich das Modell des Hoffmann-Pavillons und kehrt in einer Schleife wieder an den Ausgangspunkt zurück. Die beiden Bewegungsformen, die Körperbewegung des Betrachters und die virtuelle Kamerafahrt treffen aufeinander. Das Prinzip der Kamera als Modellvorstellung für den Blick auf die äußere Wirklichkeit wird hier ins Spiel gebracht. Der virtuelle Kamerawinkel ist, der Blickwinkel dessen, der daneben steht: ein verdoppelter Betrachterstandpunkt.
...Alles ist in Bewegung, kaleidoskopartig veränderlich , ephemer und einmalig in der jeweiligen Konstellation. Der Betrachter geht mit seinen Bewegungen einen virtuellen architektonischen Raum ab und bringt sein Körperbild zur Erscheinung. Interaktivität zwischen gegenwärtiger Bewegung und einer Sehmaschine, die sich ins Wechselspiel von Sensorium und Motorium einmischt und die Wahrnehmungscodes irritiert. Körperliche Gegenwart generiert die 3D-Elemente auf der Projektionswand, Körperbewegungen beeinflussen deren Entstehen. Der Betrachter kann aber nicht verhindern, daß sich die Art der Formen verändert: sein Körperbild mappt soeben die Fassade des Ausstellungs-Pavillons, in dem er sich befindet. Er ist nicht allein im Raum, die Gegenwart der anderen ermöglicht ihm, Formenfrag-mente als architektonische Elemente wiederzuerkennen. Er hat die Sache nicht in der Hand, er ist Mitwirkender. Ohne ihn findet diese Wirklichkeit nicht statt...
Es geht darum, die realitätsgenerierenden Bildercodes und Wahrnehmungscodes um ihre Selbstverständlichkeit zu bringen und die Betrachter in deren Betrachtungsweise zu involvieren . Realraum und computergenerierter Raum, Realzeit und simulierte Zeit werden so verknüpft, daß sich “der Blick als Interface der Zeit von der räumlichen in die zeitliche Dimension verschiebt.“

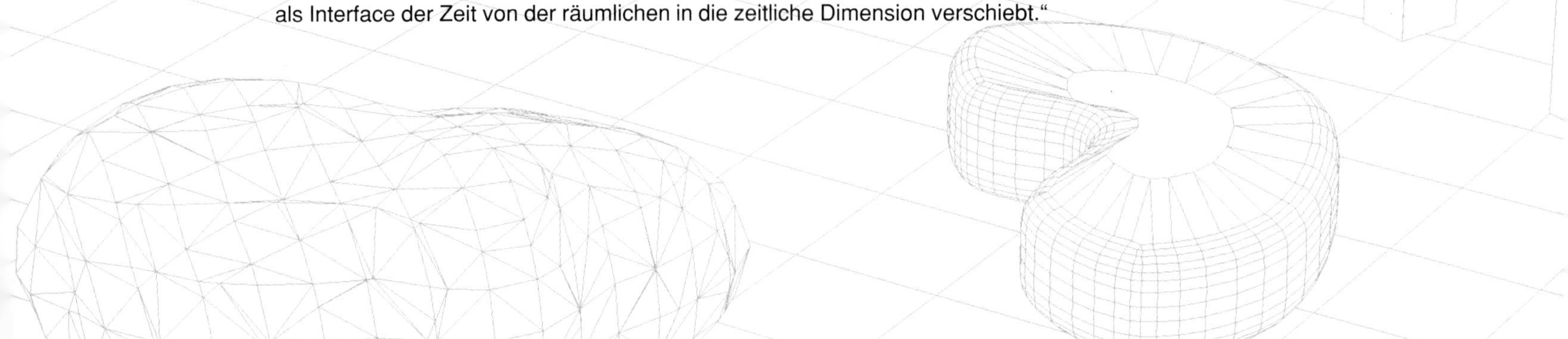

Mitarbeiter Gideon May
Coworkers Constanze Ruhm (Modelling)

On a big projection screen the observer is able to "scan" and make visible within an empty space a virtual, in reality non-existent architectural ensemble by moving her/his body. The image of the body becomes the surface of the elements – comparable with pieces of material draped over three dimensional wireframe models. In this manner, architectural body distortions are produced that change with the movements of the observer's body within the space of action. The section of the virtual architectural changes along with the movements of the observer and becomes larger according to the number of persons present in the action space. The body of the observer functions as window into the virtual architecture.
The elements in the virtual architectural space are architectural copies of the forms developed and used by Friedrich Kiesler and Josef Hoffman. A virtual camera moves through the computer space past these elements, encircles the model of the Hoffman Pavilion and returns in a loop to the starting point. The two types of movements, the body movements of the observer and the virtual camera movements meet. This installation plays with the concept of the camera as a model image of perception of external reality. The virtual camera angle is the view seen by whoever stands next to it: a duplicated observer viewpoint. The observer moves through virtual architectural space depicting the imaginary space on the screen through his/her body as window.
Bodily presence generates the three dimensional elements on the projection screen, body movements influence its genesis. The observer, however, cannot prevent the types of forms from changing: She/he is not alone in the space, the presence of the others makes it possible ro recognize from fragments as architectural elements.
Real space and computer generated space, real time and simulated time are interconnected in such a manner so that the view as an interface of time shifts from a spatial to a temporal dimension.

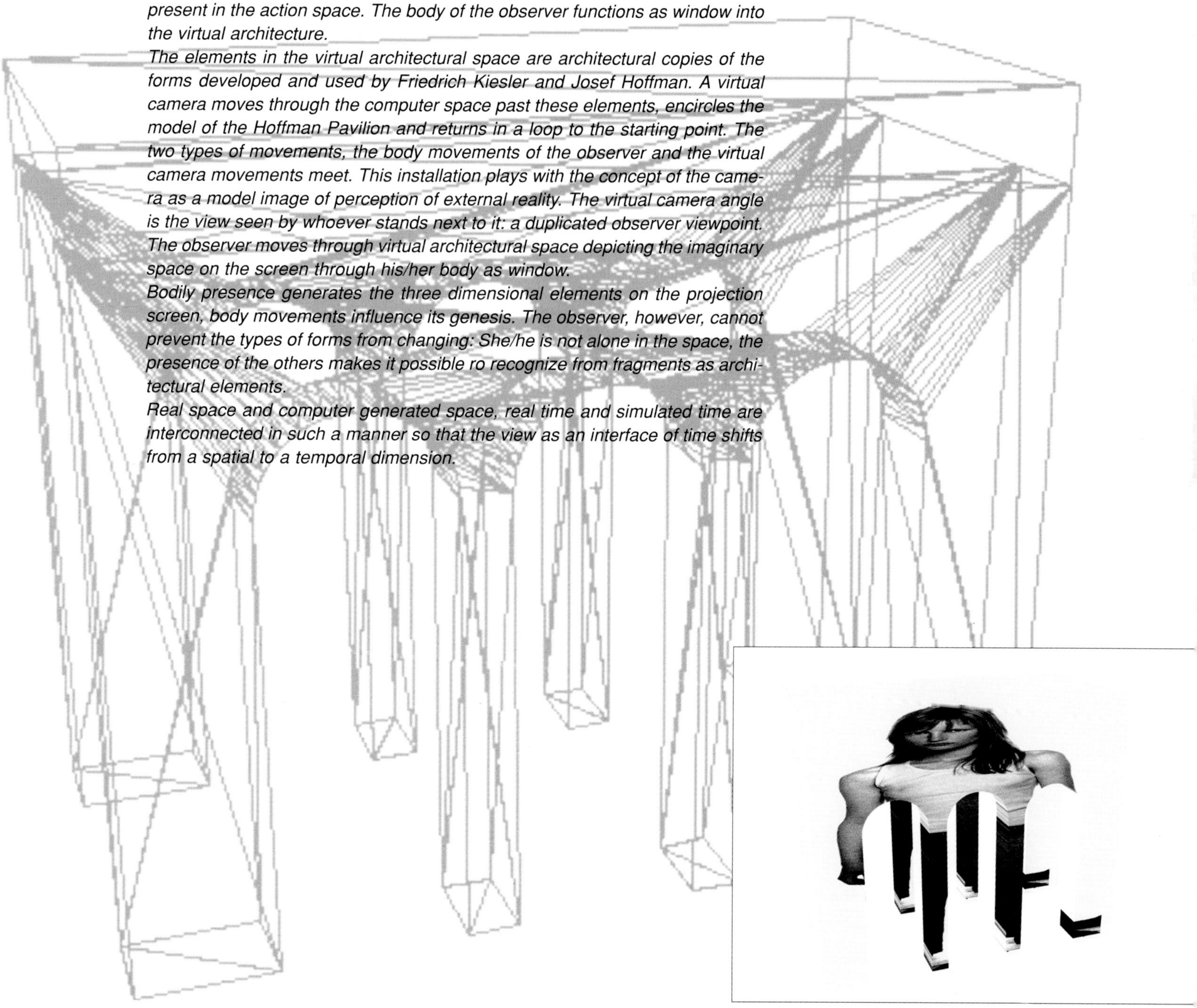

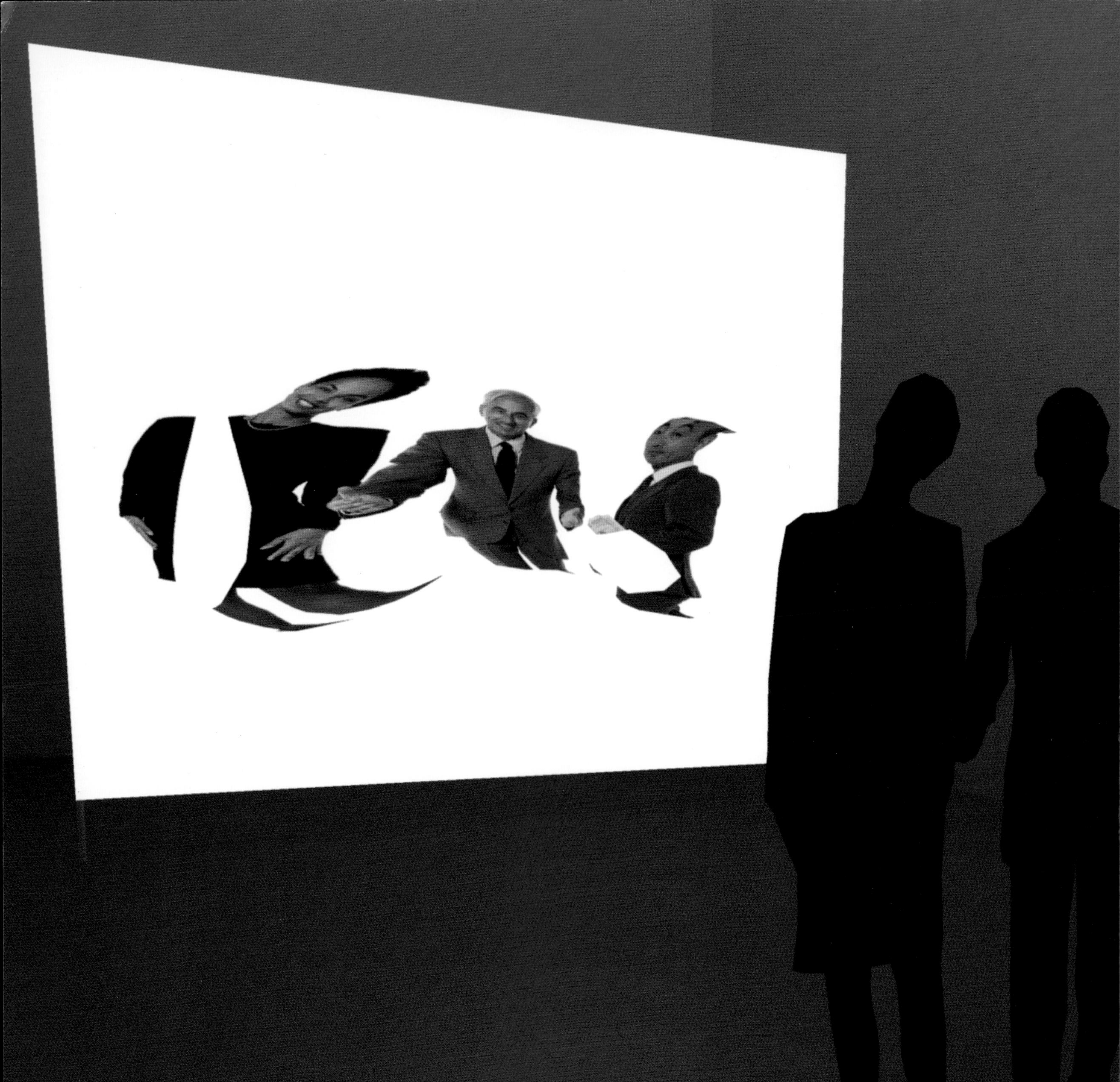

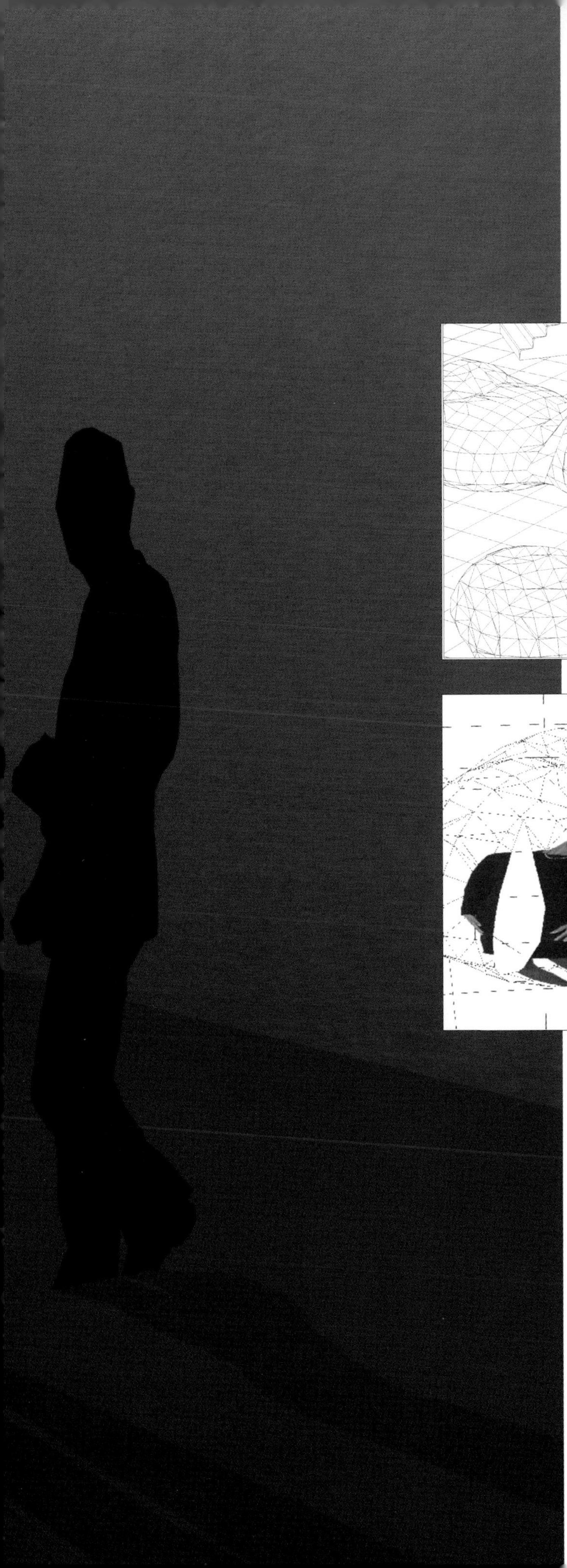
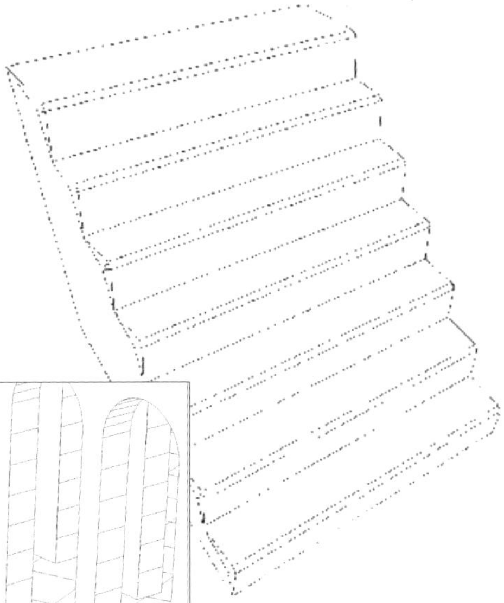
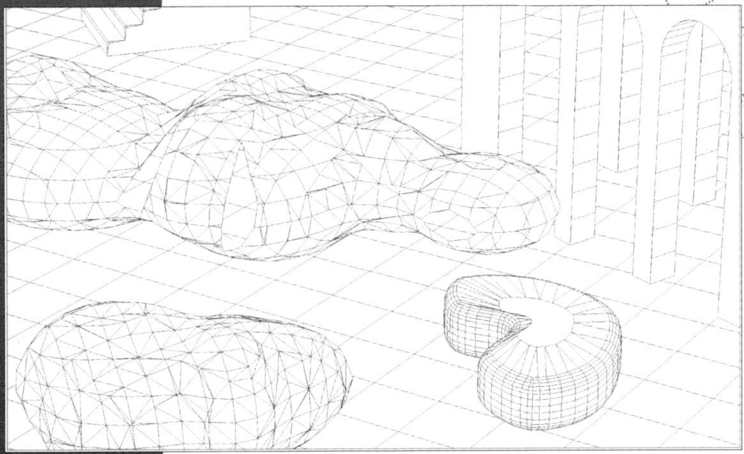
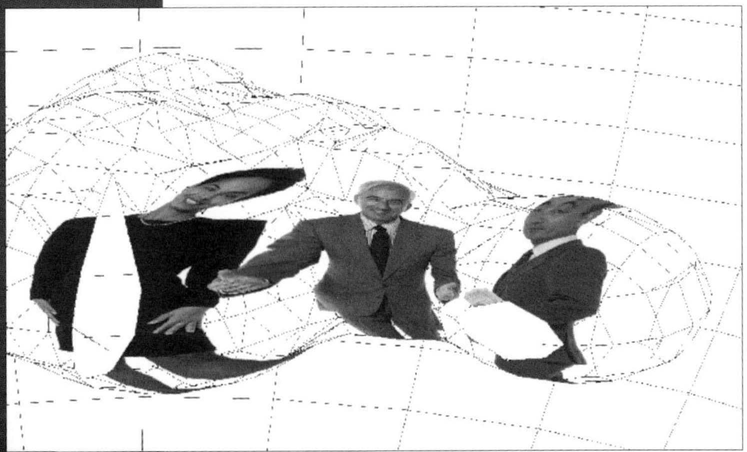
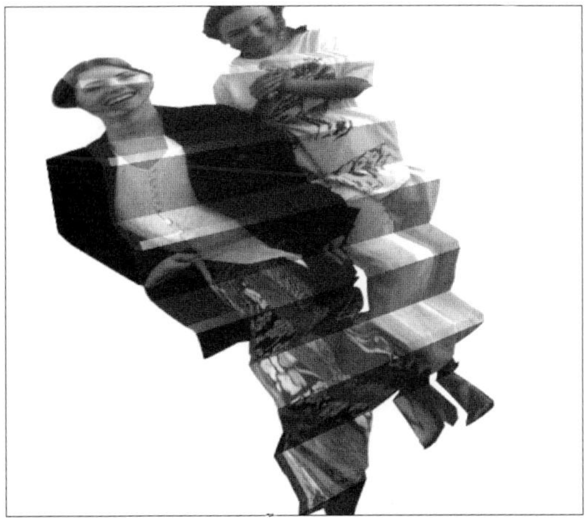

THE SPACE BETWEEN 1 AND 2 1991

Topographie, Wien, Südtiroler Platz, in Coproduktion mit Gudrun Bielz,

1: Videoprojektor, Videorecorder, Videotape, Baustellenabschrankung.

2: Interaktive Videoinstallation, Videoprojektor, computergesteuerte Laserdisk, Sensoren, Live-Kamera.

Die U-Bahn-Station ist kein Platz zum Verweilen. Menschen eilen zu den Zügen, zu den Ausgängen. Der Bewegungsraum ist der Raum z w i s c h e n den Ereignisorten: „The Space Between „. „The Space Between 1“ - die Videobaustelle: Eine Videoprojektion auf dem Boden, eine simulierte Baustelle, ist ein temporäres Ereignis, das den Bewegungsfluß der Passanten unterbrechen kann. Die Projektion täuscht eine Bodenöffnung vor, die den Blick auf eine andere Raumebene freigibt. Tief unten fliegt ein Flugzeug, es brennt, es plätschert Wasser. „The Space Between 2“ - eine interaktive Videoinstallation im Fußgängertunnel, deren Ablauf durch den Berwegungsfluß der Passanten gesteuert wird. Auf ihrem Weg zu den Zügen werden sie in bezeichneten Zonen von Sensoren erfaßt.

Durch die Anzahl, das Tempo und die Richtung der Gehbewegungen bestimmen die Passanten die Geschwindigkeit und die Richtung der Bilderfolgen. Je nach Art der Bewegung „produzieren“ die Betrachter unterschiedliche „Projektionsräume“. Die Züge fahren doppelt ein, einmal real am Bahnsteig und einmal durch eine Life-Kamera übertragen, im Fußgängertunnel, direkt auf den Betrachter zu.

The Space Between 1 and 2 bezieht sich auf den Zuschauer, die Hauptakteure sind die Passanten.

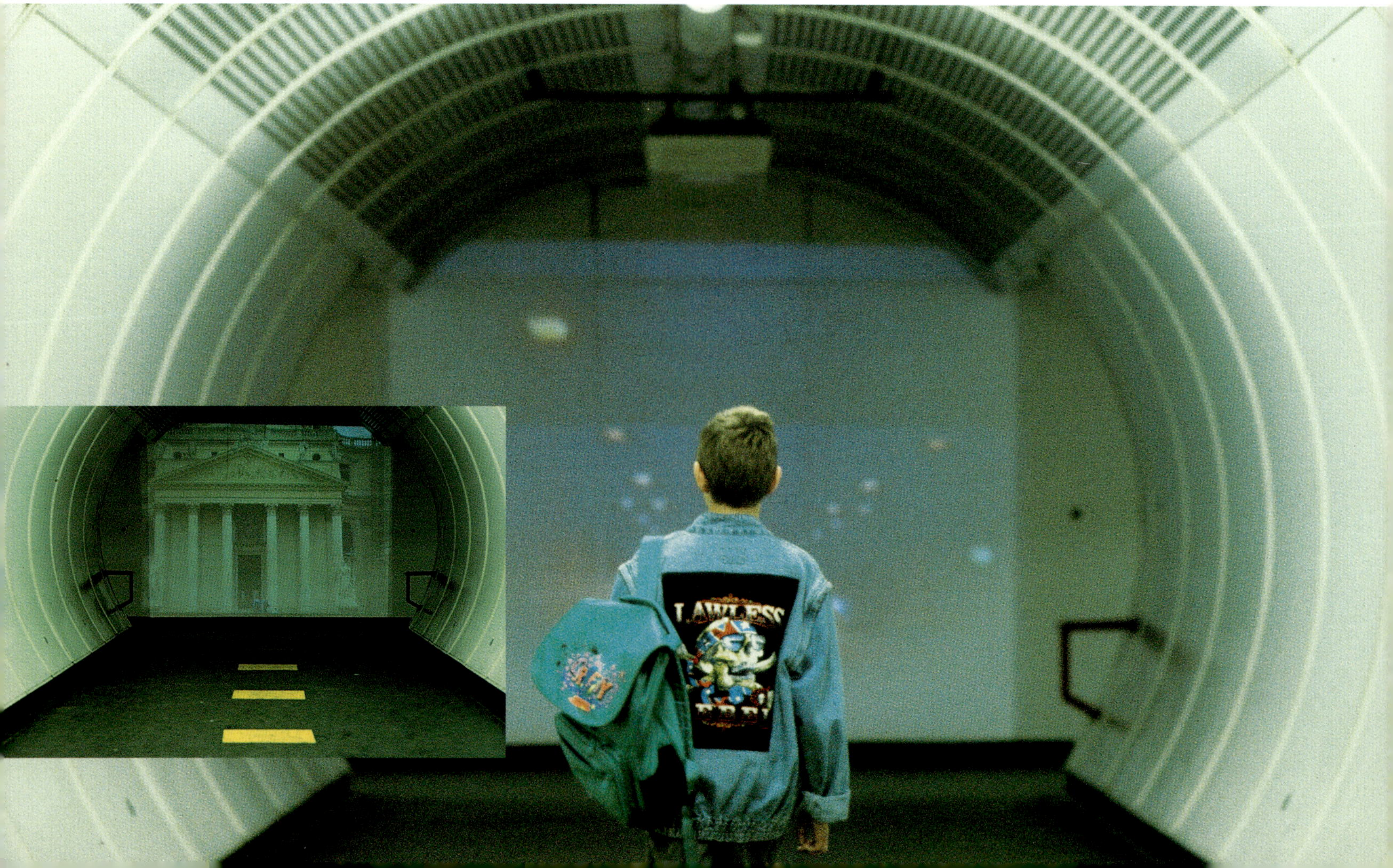

THE SPACE BETWEEN 1 AND 2 1991

Topographie, Vienna, Südtiroler Platz, *in Coproduction with Gudrun Bielz*

1: *Videoprojector, 1 video-tape player , 1 tape, barriers for construction site.*

2 : *Interactive videoinstallation , videoprojector, computer controlled switching matrix, laserdisk, sensors, live camera.*

The subway station is not a place to linger. People rush to the subway, to the exists. The space for movement is the space b e t w e e n the places of events: „The Space Between".

„Space Between I „ - the video construction site: a video projection on the floor , a simulatedconstruction site, is a temporary event that can interrupt the flow of people passing by. The projection simulates an opening on the ground, revealing another level of the space. Deep below an aeroplane flies, it is burning, oine hears water pitter-patter.

„Space Between 2" - an interactive video installation in a pedestrian underpass. The video is controlled by the flow of movement of the people walking by. On their way to the subways, they tread over areas designated on the ground. Sensors register their movements. The number , the speed and the direction of movements determine the speed and direction of film sequences. Depending on how they move, the onlookers „produce" various „projection spaces". The trains approach twice, once in a real sense on the track and then again directly towards the onlooker in the tunnel, transmitted live by a camera.

„The Space Between 1 and 2 „ refers to the onlooker , the main actors are the people passing by..

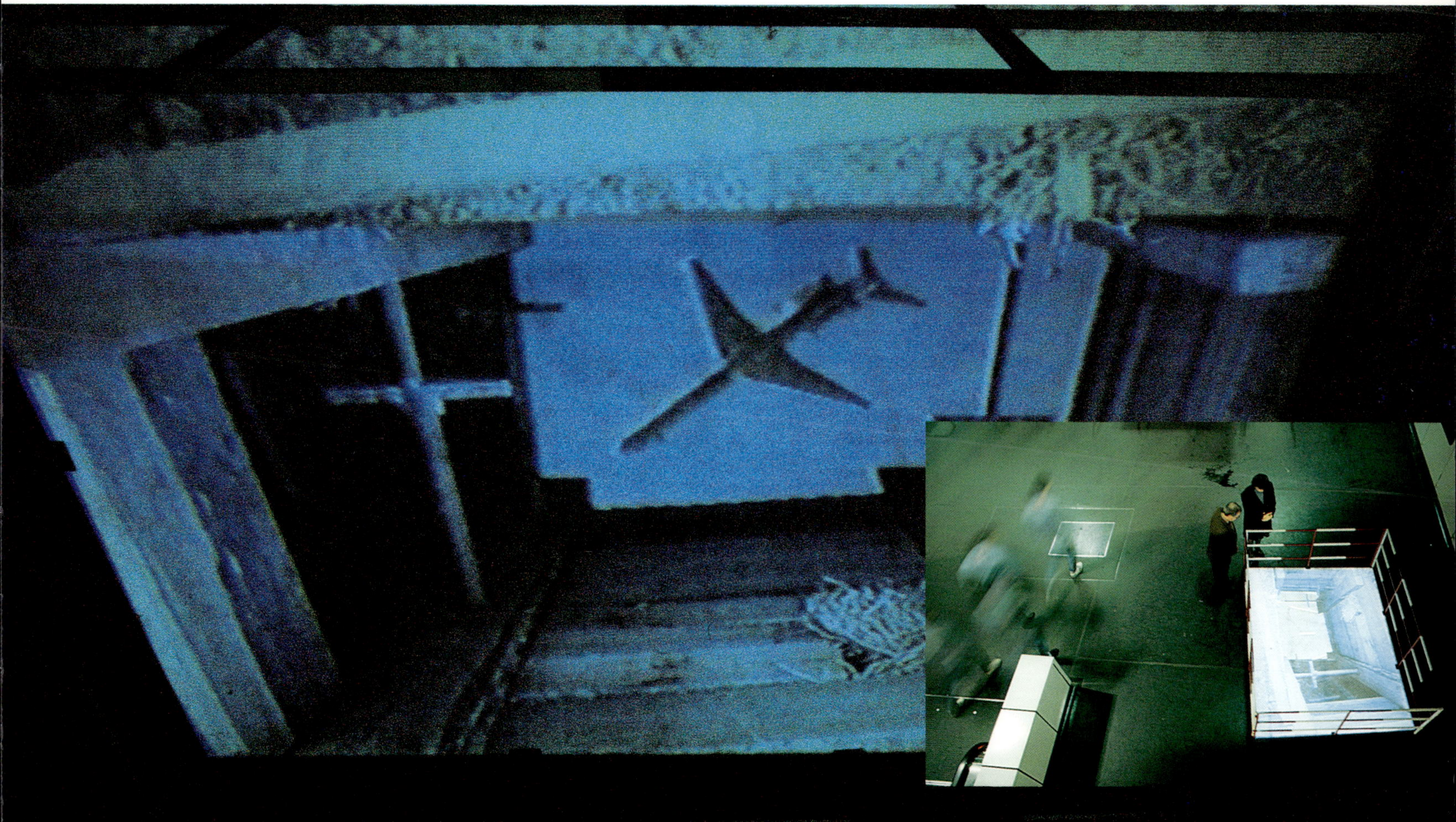

TÜR FÜR HUXLEY 1989

Interaktive Computer/Videoinstallation, Ars Electronica 89, Linz Brucknerhaus

Videoprojektion mit sensorgesteuerter Computer-Animation, Videoband, 2 Live-Kameras, reale Türe, 1 Video-Kamera, 1 B&W Monitor, Kunstreproduktion, sensorgesteuerter Ton.

Drei Türen simulieren die Eingänge zu verschiedenen Realitäten. Der Betrachter hat die Wahl zwischen 1. der bloßen Betrachtung einer abgeschlossenen, konservierten und kontinuierlich wiederholten Realität, 2. dem Öffnen und Eintreten in Scheinräume durch eine von Sensoren gesteuerte, projizierte Tür oder der Beobachtung des anderen, scheinbar duplizierten Betrachters in seiner Aktion und 3. kann er den Standpunkt des Voyeurs wählen, der durch das Schlüsselloch schaut. Der passive Betrachter sieht in der linken projizierten halbgeöffneten Tür in einen Aktionsraum, der eine montierte und künstlich verzerrte Realität wiedergibt. (Treppen-und Türszenen aus Filmen von Hitchcock und Siodmac). Tritt der Betrachter in den Bereich der Sensoren, öffnet sich die mittlere projizierte Tür und zeigt ihn vom Betrachterstandpunkt des „anderen", der ihn von hinten sieht. Der Raum erweitert sich nach vorne durch die offene Tür und nach hinten durch den Eindruck des Betrachters, daß etwas oder jemand ihn beobachtet. Versucht er sich dem eigenen Abbild zu nähern, entfernt sich dieses und verschwindet im Scheinraum oder die Tür schließt sich und schluckt sein Bild. Vor der 3. realen Tür liegt ein surrealistisches Bild der Malerin Dorothea Tanning (mit Treppen und Türen). Dieses wird durch eine S/W Kamera auf einen Monitor hinter dem Schlüsselloch übertragen. „Original" und Kopie, Präsenz und Geheimnis stehen sich gegenüber.

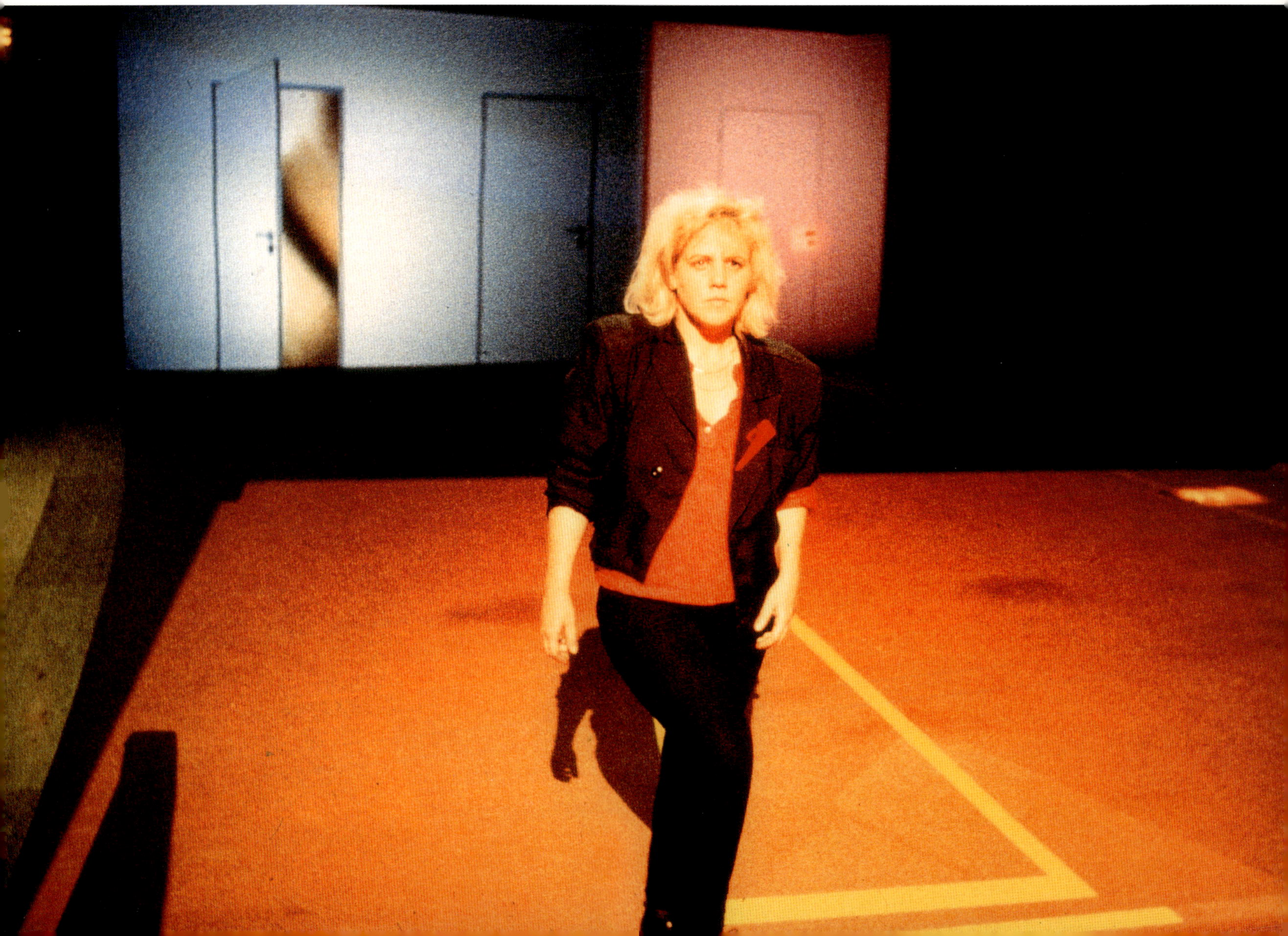

DOOR FOR HUXLEY 1989

Interactive Computer/Video Installation, Ars Electronica 89, Linz Brucknerhaus

Video projection with sensor controlled computer animation, video tape, 2 live cameras, real doors, 1 B&W monitor, art reproduction, sensor controlled sound.

Three doors simulate the entrance to different realities. The observer has the choice between 1. the pure observance of a conserved and continously repeated image, 2. the opening and entry into fictitious rooms through a projected door and through the observation of the observer whose actions have been duplicated visually and 3. the observer may choose the role of voyeur who "peeps through the keyhole". The passive observer looks into the projected half open door into an action space that reflects a montage of artificially distorted reality (staircase and door scenes out of Hitchcock and Siodmak films). If the observer enters the area of the sensors, the middle projected door opens and shows him/her from the view of the "Other" who views him/her from behind. The space expands towards the front through the open door to the back from the impression of the observer that someone is observing him from behind. If he/she attempts to approach his/her own image it moves back and disappears into the fictitious space or the door closes and swallows the image. In a computer generated virtual reality the video image of the real observer is acting. He/she is standing before the projected image and is represented on it at the same time. The wall as interface, which ist nothing else than an image, is reacting on the observer. In front of the third real door is a painting by the surrealist painter Dorothea Tanning (with stairs and doors). This painting is projected onto a monitor behind the keyhole.

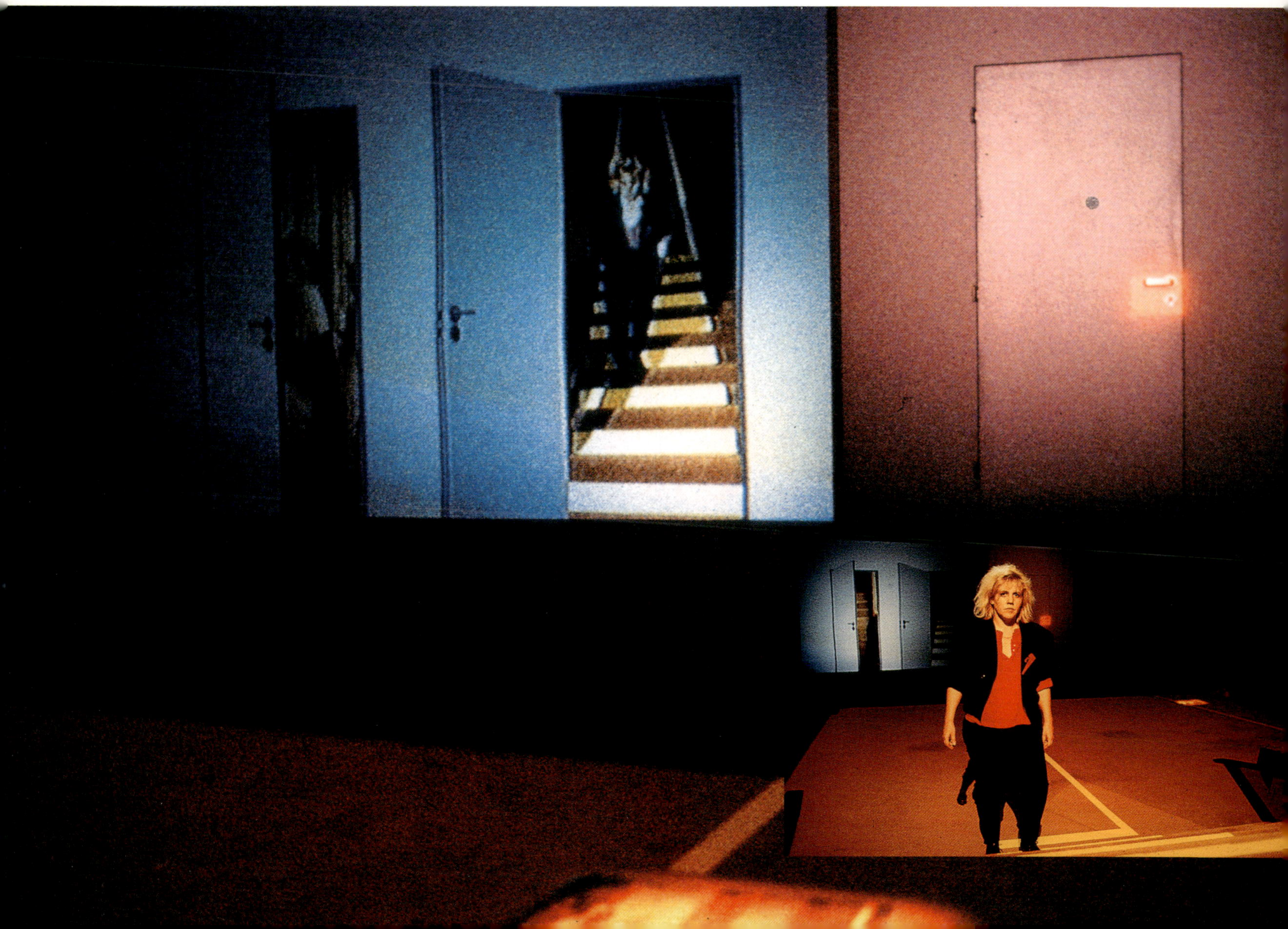

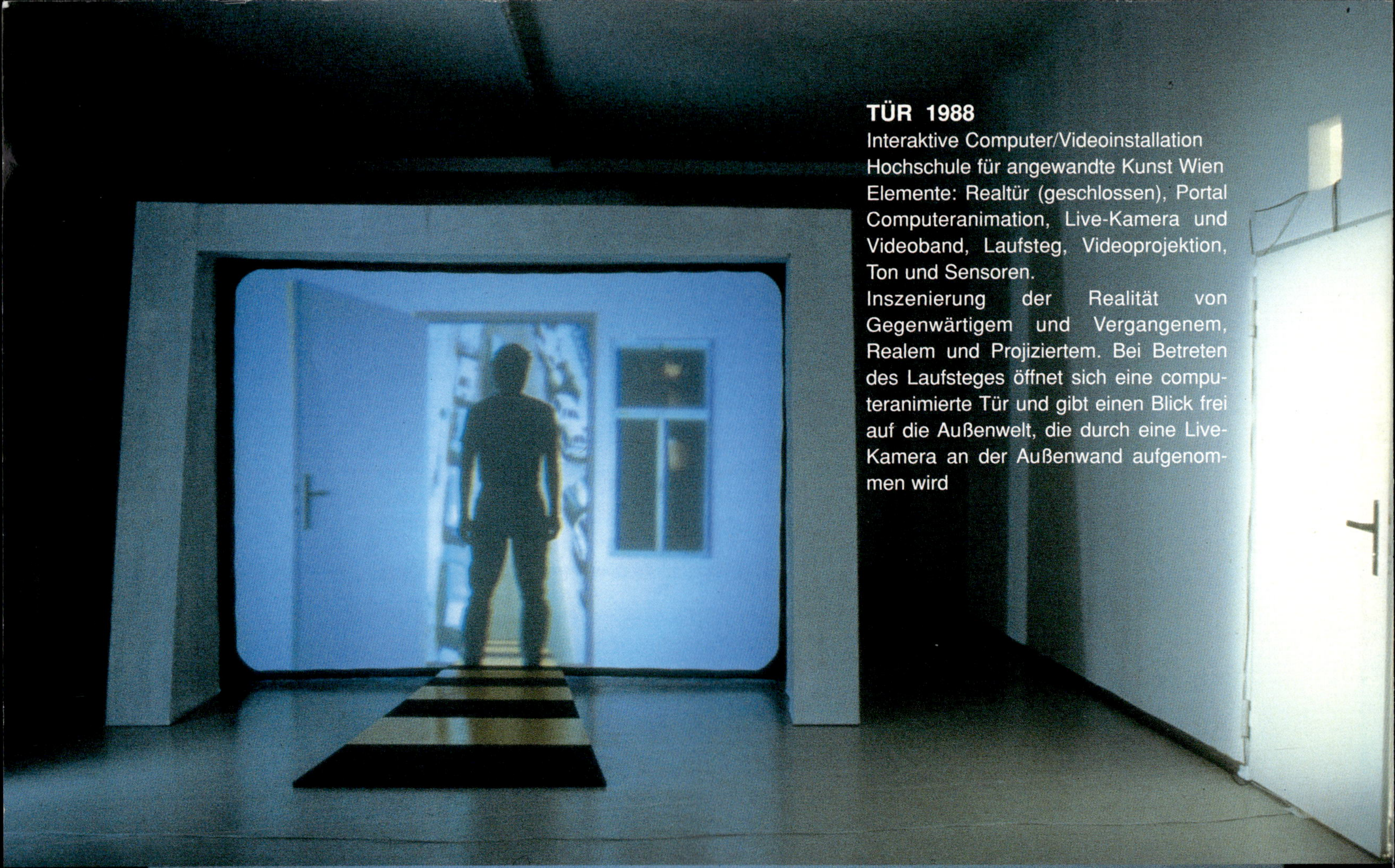

TÜR 1988
Interaktive Computer/Videoinstallation
Hochschule für angewandte Kunst Wien
Elemente: Realtür (geschlossen), Portal Computeranimation, Live-Kamera und Videoband, Laufsteg, Videoprojektion, Ton und Sensoren.
Inszenierung der Realität von Gegenwärtigem und Vergangenem, Realem und Projiziertem. Bei Betreten des Laufsteges öffnet sich eine computeranimierte Tür und gibt einen Blick frei auf die Außenwelt, die durch eine Live-Kamera an der Außenwand aufgenommen wird

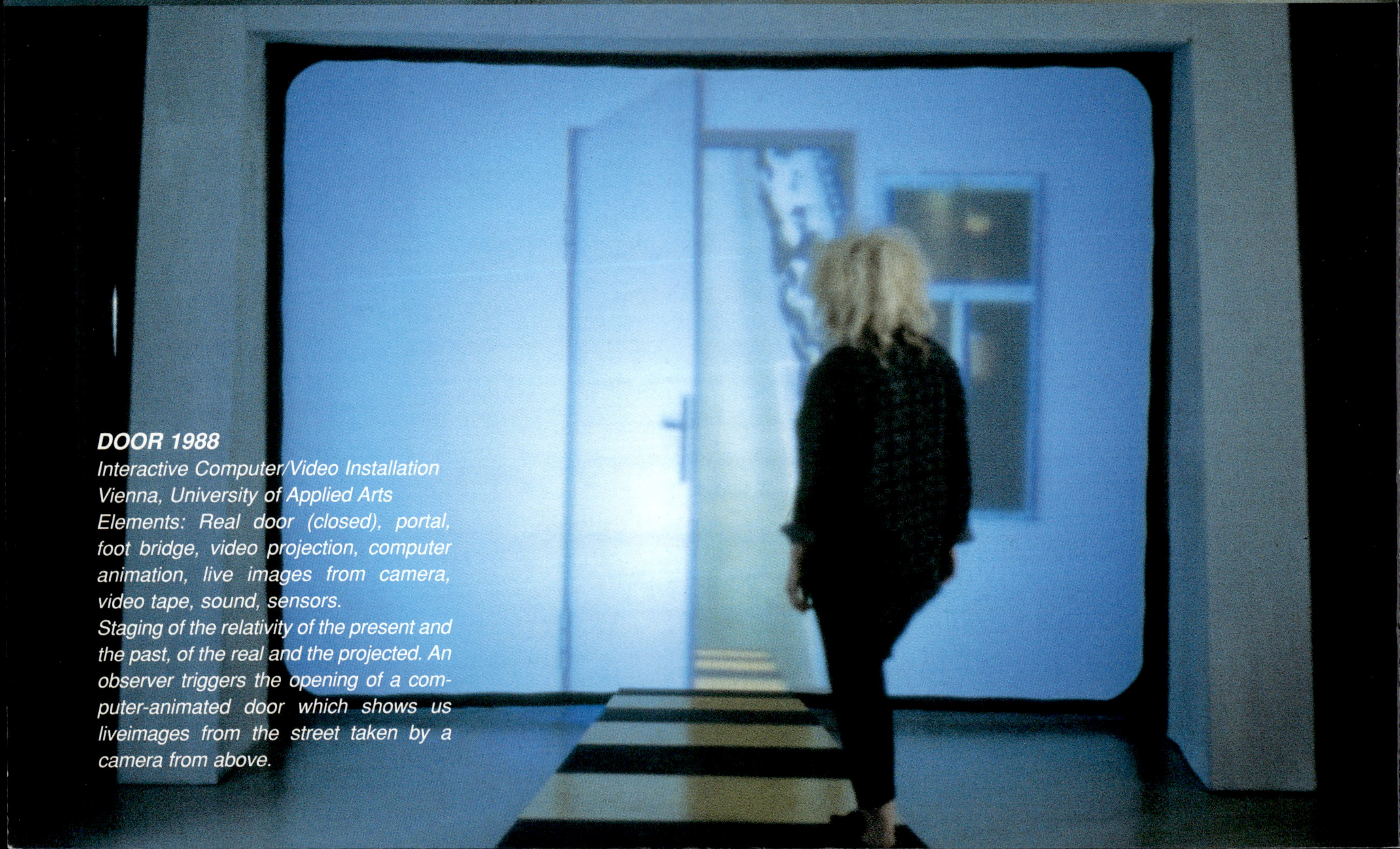

DOOR 1988
Interactive Computer/Video Installation
Vienna, University of Applied Arts
Elements: Real door (closed), portal, foot bridge, video projection, computer animation, live images from camera, video tape, sound, sensors.
Staging of the relativity of the present and the past, of the real and the projected. An observer triggers the opening of a computer-animated door which shows us liveimages from the street taken by a camera from above.

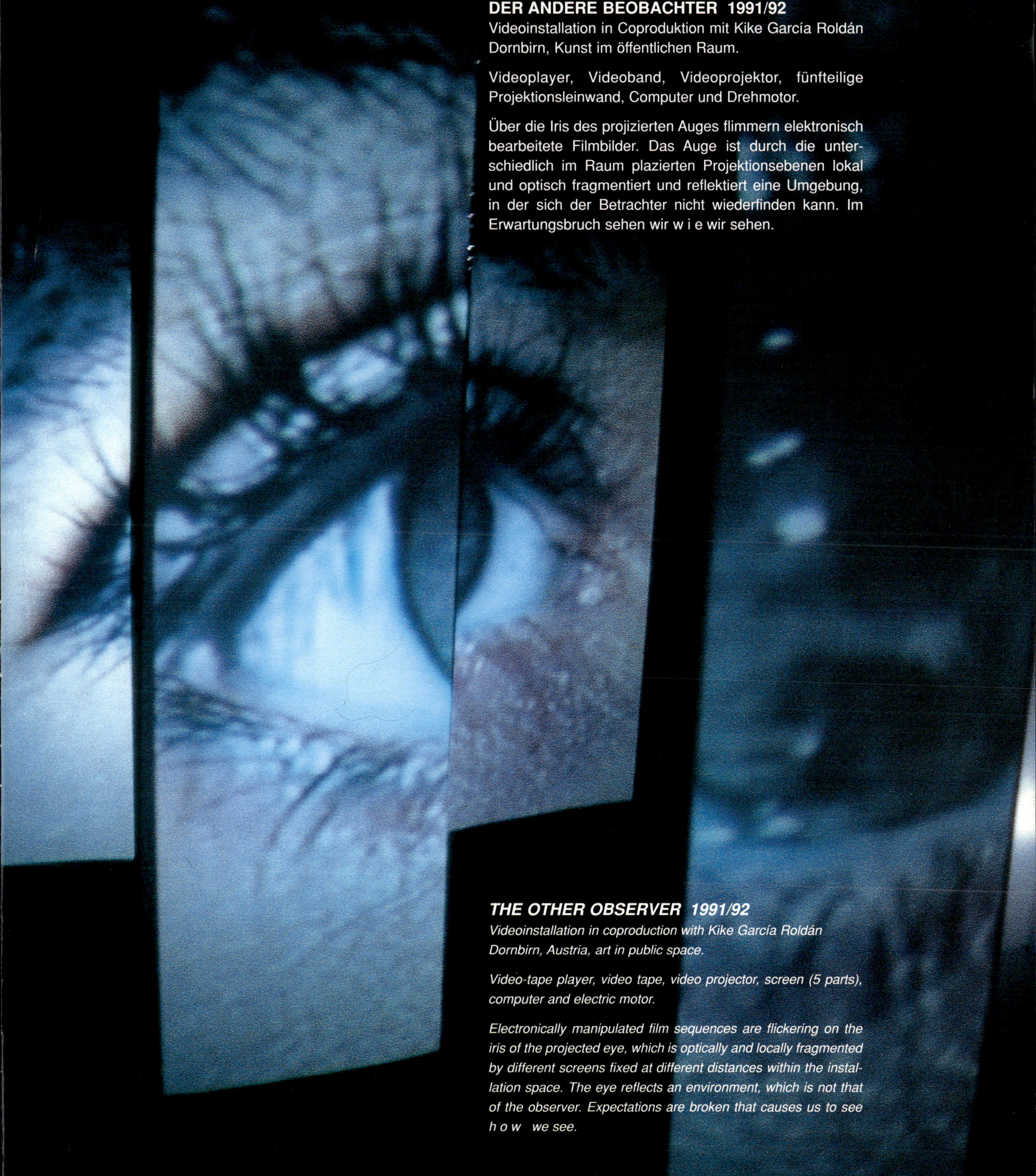

DER ANDERE BEOBACHTER 1991/92

Videoinstallation in Coproduktion mit Kike García Roldán
Dornbirn, Kunst im öffentlichen Raum.

Videoplayer, Videoband, Videoprojektor, fünfteilige Projektionsleinwand, Computer und Drehmotor.

Über die Iris des projizierten Auges flimmern elektronisch bearbeitete Filmbilder. Das Auge ist durch die unterschiedlich im Raum plazierten Projektionsebenen lokal und optisch fragmentiert und reflektiert eine Umgebung, in der sich der Betrachter nicht wiederfinden kann. Im Erwartungsbruch sehen wir w i e wir sehen.

THE OTHER OBSERVER 1991/92

Videoinstallation in coproduction with Kike García Roldán
Dornbirn, Austria, art in public space.

Video-tape player, video tape, video projector, screen (5 parts), computer and electric motor.

Electronically manipulated film sequences are flickering on the iris of the projected eye, which is optically and locally fragmented by different screens fixed at different distances within the installation space. The eye reflects an environment, which is not that of the observer. Expectations are broken that causes us to see h o w we see.

BIOGRAPHIEN

COOP HIMMELB(L)AU 1968 gründen Wolf D. Prix und Helmut Swiczinsky Coop Himmelb(l)au in Wien

WOLF D. PRIX . geboren 1942 in Wien . Technische Universität Wien, Southern Institute of Architecture, Los Angeles, Architectural Association, London, Professor der Meisterklasse für Architektur 3, Hochschule für Angewandte Kunst, Wien, Adjunct Professor, Southern California Institute of Architecture (SCI-Arc), Los Angeles.

HELMUT SWICZINSKY . geboren 1944 in Posen. Technische Universität, Wien, Architectural Association, London, Atelier in Wien und Los Angeles

Arbeiten auf dem Gebiet der Architektur und Kunst. Design. 1968-1995 Bauten, Projekte und Entwürfe in Österreich, Holland, Deutschland, Frankreich, Schweiz, Finnland, USA, Japan, Korea und Cuba

Kontakt: Coop Himmelb(l)au, Seilerstätte 16/11a, 1010 Wien, Tel.: 0043/1/5120284, Fax: 0043/1/5134754. Los Angeles: 8561 Higuera Street, Culver City, Ca-90232, USA, Tel.: 001/310/8388264, Fax: 001/310/8388267

PETER KOGLER . geboren 1959 in Innsbruck, lebt in Wien

Einzelausstellungen: **1983** Galerie Krinzinger, Innsbruck . **1984** Galerie Hummel, Basel . **1985** Gracie Mansion Gallery, New York City . **1987** Anna Friebe Galerie, Köln . **1988** Galerie Krinzinger, Wien . **1989** »California« - Museum in Progress, Wien . **1991** Galerie Karin Sachs, München . **1992** Galerie Artelier, Frankfurt . **1993** »Kieler Treppenhaus« - Kunsthalle zu Kiel »Kogler/Schmalix« - Shoshana Wayne Gallery, Los Angeles . **1994** Frac Languedoc Roussillon Kogler/Paysant, Montpellier

Ausstellungsbeteiligungen: **1979** »Situationen«, Galerie Nächst St. Stephan, Wien . **1983** »Supermix« - Galerie Paul Maenz, Köln . **1984** »Zeichen Fluten Signale« - Galerie Nächst St. Stephan, Wien . **1985** »Un regard sur Vienne« - Orangerie Strasbourg . **1986** »Prospekt« - Frankfurter Kunstverein . Biennale di Venezia - Aperto . **1987** »Europalia 87« - Museum van de Hegendaagse Kunst, Gent . **1989** »Open Mind« - Museum van de Hegendaagse Kunst, Gent . »Common Market« Richard Kuhlenschmidt Gallery, Los Angeles . **1990** »Anatomy« - Galerie Krinzinger, Wien . **1992** Documenta IX, Kassel - Arbois . **1993** »Binaera« - Kunsthalle Wien - »La Coesistenza dell'Arte« - Biennale di Venezia . »Today's Home« - Galerie Jennifer Flay, Paris . **1994** »Lokalzeit - Wiener Material im Spiegel des Unbehagens« - Kunstraum Strouhal, Wien . »Jetztzeit«, Kunsthalle Wien . Hors Limites Centre Georges Pompidou, Paris

Kontakt: Peter Kogler, Bechardgasse 16 a, A-1030 Wien, Tel.: +43-1-715 35 90, Fax: 715 35 91. c/o Galerie Krinzinger, Seilerstätte 16, A-1010 Wien, Tel.: +43-1-513 30 06

RICHARD KRIESCHE . 1940 in Wien geboren, lebt in Graz und Offenbach

Akademie der Bildenden Künste, Wien, Universität Wien . 1970-71 Studienjahr am University College, London . 1973 Gründung der »poolerie«, Mediengalerie für Fotografie, Film und Video . 1978 Gründung der »bvöst« - Erster Regionaler Interessensverband bildender Künstler . 1983/84 DAAD Einladung, Künstlerprogramm Berlin . 1984 Forschungsstipendium am WPA - Washington Project for the Arts . 1984 Gründung von »kulturdata« - Labor für Mediengestaltung und rechnerunterstützte ästhetische Prozesse . 1985-86 Forschungsauftrag am M.I.T. Cambridge, Albert and Vera List Visual Arts Center am Media Lab des M.I.T. . 1988-91 Lehrauftrag an der Technischen Universität Wien »Ästhetik wissenschaftlich technischer Operationen« . ab 1991 Professor an der Hochschule für Gestaltung, Offenbach/Main »Theorie und Praxis der elektronischen Bilderzeugung«

Kontakt: Richard Kriesche, Trauttmansdorffgasse 1, A-8010 Graz, Tel.: +43-316-843839, Fax: +43-316-816511

CONSTANZE RUHM . geboren 1965 in Wien, lebt in Wien

Hochschule für Angewandte Kunst, Meisterklasse für visuelle Medien, Wien . Städelschule, Institut für neue Medien, Frankfurt

Einzelausstellungen: **1993** »TrueFalseElse« Neue Galerie am Landesmusem Joanneum, Graz . **1994** »Secret of Life« - Galerie Grita Insam, Wien. Gruppenausstellungen: **1989** »Bild Digital« - BBK, München . **1990** »A House Has a Top and Four Walls« - Galerie Krinzinger, Wien; mit Martin Püsbök . **1992** »Découvertes« - Grand Palais, Paris (mit UKF) . »CVC« - Galerie Insam, Wien . **1993** »Eigenwelt der Apparatewelt I«, Städelschule, Frankfurt . »Eigenwelt der Apparatewelt II«, Galerie Stadtpark, Krems . »Keimfreie Wesen befehlen mir meine Galerie keimfrei zu halten«- Galerie Hubert Winter, Wien . »Computerkünstler - Gedanken, Skizzen, Notizen«- Galerie Karin Sachs, München . »TRANSPARENZ« Palais Liechtenstein Feldkirch . **1994** »Translucent Writings« - Neuberger Museum of the Arts, New York . »Lokalzeit - Wiener Material im Spiegel des Unbehagens« - Kunstraum Strouhal, Wien . Ars Electronica 94 - Intelligente Ambiente, Linz

Kontakt: Constanze Ruhm, Schöffelgasse 6, A-3002 Purkersdorf, Austria, Tel.: +43-2231-2152. c/o Galerie Grita Insam, Köllnerhofgasse 6, A-1010 Wien, Tel.: +43-1-512 53 30, Fax: 512 61 94

PETER SANDBICHLER . geboren 1964 in Kufstein, lebt in Wien

1983-84 Art Students League New York City, Prof. Martin Knox . 1984-86 Akademie der Bildenden Künste, Wien, Prof. Bruno Gironcoli, 1991 Diplom

Einzelausstellungen: **1988** Galerie Krinzinger, Innsbruck . **1990** Galerie Grita Insam, Wien . **1994** »Secret of Life«, Galerie Grita Insam, Wien - gemeinsam mit Constanze Ruhm

Ausstellungsbeteiligungen: **1989** Junge Szene Wien, Sezession, Wien . »Raum annehmen II«, Forum Alpbach . **1990** »Basement«, Galerie der Wiener Secession . Galerie Graff, Montreal . »Wachsmuth, Sandbichler, Wachsmuth«, Berlin . **1991** »Where Are You? Where Am I? - Arbeiten mit Polaroid«, Galerie Grita Insam, Wien . »Absolutismus und Exzentrik«, Galerie Museum, Bozen, Vicenza, Innsbruck, Bari und Rimini . **1992** »Surface Radicale«, Grand Palais, Paris . »Frontiera 92«, Messehalle, Bozen . »Radical Surface«, Los Angeles . **1993** »Kunst Raum Schiff Stubnitz«, Rostock . Ars Electronica 93, Linz . **1994** »Casa Europa«, Antwerpen und Amsterdam . »Lokalzeit - Wiener Material im Spiegel des Unbehagens«, Wien; Ljubljana; Fondazione Querini Stampaglia, Venedig . Ars Electronica 94 - Intelligente Ambiente, Linz

Kontakt: Peter Sandbichler, Schottenfeldgasse 41/43, A-1070 Wien, Tel.: +43-1-523 79 99 c/o Galerie Grita Insam, Köllnerhofgasse 6, A-1010 Wien, Tel.: +43-1-512 53 30, Fax: 512 61 94

EVA SCHLEGEL . geboren 1960 in Hall/Tirol, lebt in Wien

1979-85 Hochschule für Angewandte Kunst, Wien, Prof. Oswald Oberhuber

Einzelausstellungen: **1986** Galerie Cora Hölzl, Düsseldorf . **1987** Galerie Krinzinger, Innsbruck . **1989** Neue Galerie am Landes-Museum Joanneum, Graz . **1990** Shoshana Wayne Gallery, Los Angeles . **1991** Galeria Gentile, Firenze . **1993** Galerie Krinzinger, Wien . **1994** Shoshana Wayne Gallery, Los Angeles . Galerie Fischer, Berlin . **1995** Galerie Knoll, Budapest . Galerie Kilchmann, Zürich

Ausstellungsbeteiligungen: **1984** »Kometen Folgen Lawinen Orte«, Berlin . **1985** »Weltpunkt Wien«, Straßburg . **1988** Biennale Sydney . »Ein anderes Klima«, Kunsthalle Düsseldorf. »Brennpunkt Wien«, Bonner Kunstverein . **1989** »Made not taken«, Locks Gallery, Philadelphia. »Kunst der letzten 10 Jahre« - Museum Moderner Kunst, Wien . **1990** Biennale di Venezia-Aperto . **1991** »Cadences« The New Museum of Contempory Art, New York. »Un musee en voyage« - Musee d'Art Contemporain, Lyon . **1992** Museum Moderner Kunst, Wien. Biennale Sydney. »Objekt versus Raum« - Villa Merkel, Stuttgart . **1993** »Prospect 93« - Frankfurter Kunstverein. »Panorama« Galerie Jousse Seguin, Paris. »Ideas, Imagenes, Identitades« - Tecla Sala, Barcelona . **1994** The Photographers Gallery, London. The Austrian Vision. Fundacion La Caixa, Madrid . **1995** »Ouverture France Autriche«, Rouen

Kontakt: Eva Schlegel, Lerchengasse 22/22, A-1080 Wien; Tel.: + 43-1-403 60 97 oder: c/o Galerie Krinzinger, Seilerstätte 16, A-1010 Wien, Tel.: +43-1-513 30 06

RUTH SCHNELL . geboren 1956 in Feldkirch, lebt in Wien

Hochschule für Gestaltung in Linz, Akademie der Bildenden Künste, Wien, Hochschule für Angewandte Kunst, Wien . Lehrauftrag an der Hochschule für Angewandte Kunst, Wien und der Hochschule für Musik und Darstellende Künste, Wien

Ausstellungen und Ausstellungsbeteiligungen: **1984** Museum des 20. Jahrhunderts, Wien . **1989** Ars Electronica 89 - Im Netz der Systeme, Linz . **1990** »Vom Verschwinden der Ferne« - Deutsches Postmuseum, Frankfurt . **1991** »Les images en Folies«, Martigny . ARTEC - Internationale Biennale von Nagoya . »KunstSchauFenster«, Dornbirn; mit Kike Garcia Roldan . **1994** »Lokalzeit - Wiener Material im Spiegel des Unbehagens« - Kunstraum Strouhal, Wien

Gemeinsam mit Gudrun Bielz: Ars Electronica 86 . **1987** »Junge Szene Wien« - Secession, Wien . **1988** Freizone Dorotheergasse, Wien . »Der pornographische Blick« - Künstlerhaus Salzburg, Wien . Ars Electronica 89 . Biennale di Venezia - Aperto . »Take Over III« - Fabian Carlsson Gallery, London . »Außerhalb von Mittendrin« - NGBK, Berlin . Vierte Internationale Video-Biennale Fukui . »Topographie II - Untergrund«, Wiener Festwochen . »Absolutismus und Exzentrik«, Galerie Museum, Bozen . **1992** »Identität : Differenz - Tribüne Trigon« - Neue Galerie, Graz . »Der entfesselte Blick« - Seedamm Kulturzentrum, Pfäffikon . **1993** »Transparenz« - Palais Liechtenstein, Feldkirch, Kunstverein Hall . **1994** »Shape Your Body« - La Giarina, Verona

Kontakt: Ruth Schnell, Große Neugasse 12/7, A-1040 Wien, Tel./Fax.: +43-1-5864679 oder c/o Hochschule für Angewandte Kunst in Wien, Salzgries 14, 1010 Wien, Tel. +43-1-71133-530, Fax: +43-1-5355884